用几何预测法制定三元系和四元系相图

贾成珂　贾翔云　著

北　京
冶 金 工 业 出 版 社
2012

内 容 提 要

根据相图的几何法则和形式规律，本书提出用几何预测法制定三元系和四元系相图的基本方法——预测的三个基本条件和预测的四项基本法则，并通过对有关三元系和四元系相图用预测法制定的实例进行验证和解释，充分体现出用预测法制定三元系和四元系相图比用传统法制定的优越性。

本书可作为相关专业科技人员的参考书，也可作为大专院校相关专业的教学参考书。

图书在版编目（CIP）数据

用几何预测法制定三元系和四元系相图/贾成珂，贾翔云著．—北京：冶金工业出版社，2012.9
ISBN 978-7-5024-6058-7

Ⅰ．①用…　Ⅱ．①贾…　②贾…　Ⅲ．①多元—相图　Ⅳ．①TG113.14

中国版本图书馆 CIP 数据核字（2012）第 214368 号

出 版 人　谭学余
地　　址　北京北河沿大街嵩祝院北巷 39 号，邮编 100009
电　　话　（010）64027926　电子信箱　yjcbs@cnmip.com.cn
责任编辑　王之光　美术编辑　李　新　版式设计　孙跃红
责任校对　李　娜　责任印制　牛晓波
ISBN 978-7-5024-6058-7
冶金工业出版社出版发行；各地新华书店经销；三河市双峰印刷装订有限公司印刷
2012 年 9 月第 1 版，2012 年 9 月第 1 次印刷
787mm × 1092mm　1/16；7.25 印张；118 千字；105 页
28.00 元

冶金工业出版社投稿电话：（010）64027932　投稿信箱：tougao@cnmip.com.cn
冶金工业出版社发行部　电话：（010）64044283　传真：（010）64027893
冶金书店　地址：北京东四西大街 46 号（100010）　电话：（010）65289081（兼传真）
（本书如有印装质量问题，本社发行部负责退换）

前　言

相图是表达物系在不同条件（主要是温度和成分）下存在状态的一种图示。也可以说相图是物系相律的几何表达形式。自 1876 年 Gibbs 发表相律后，各类物系的相图应运而生。相图的特点是简明直观，几十年来已成为研究合金、硅酸盐、陶瓷、耐火材料、冶金熔渣、地矿盐（火成岩）等材料一种必不可少的工具。为研制新材料，不断提高材料的各类使用性能，满足日新月异的科学技术发展对材料的要求，相图成为了有关科技人员运用的重要工具。相图的制定也成为科技人员研究新材料的一种手段。

用传统方法——凑试法（Cut and try method）制定相图是一项非常艰巨的工作。二元系相图的制定，已经使许多科学家耗费了毕生精力，三元系和四元系相图的制定就更为困难了。有些形式较复杂的四元系相图甚至是无法制定出来的。目前世界上只是少数工业大国才有力量设置专门的机构从事相图的研制工作，可见制定物系相图的工作多么艰难。

采用几何预测方法制定传统的相图，只要满足预测条件，就可以按照构成相图的几何法则和形式规律，以一定的方法将相图的基本形式预测出来。然后选取极少数试样通过热分析和定量分析，精确定位预测图内各不变点的位置和有关曲线曲度，将预测相图变成精确的真实相图。本书按照构成相图的几何法则和形式规律，引证已有资料并加以归纳总结，提出预测相图基本形式的法则和方法。按预测条件和法则通过对低熔点合金相图的预测和制定，充分证明，用预测法制定相图能够彻底摆脱凑试法的艰巨性和盲目性，能够变高难度工作为简易性工作，变盲目性工作为有预见性工作，为研制新材料设计新合金能极容易地制定出相图来做理论指导，避免走弯路甚至失败。我们深信，随着分析手段和检测设备的不断发展和更新，如利用计算机工具的帮助使预测法如虎添翼，会更快、更好地制定多元系相图。

根据文献资料，四元系 $CaO-MgO-Al_2O_3-SiO_2$ 相图已具备预测条件，我们对该系的总图形式做了预测，除没能精确定位图内各不变点外，经将文献资料给出的一些剖面图放进预测总图中研究对照后发现，不但预测图与已有的剖面图形式完全吻合，通过预测图还能澄清和纠正前人工作中的个别模糊现象和误差。我们用预测法制定的三元系 Pb－Sn－Sb、Sn－Sb－Bi 相图和四元系 Pb－Cd－Sn－Bi、Pb－Sn－Sb－Bi 相图经实验验证，从建立预测条件到最后精确定位，图内各不变点及有关曲线曲度都只用了十来个式样。这足以说明用预测法制定相图比传统法制定相图的优越。我们从实践中体会到，用预测法制定中间相越多，形式越复杂的相图越能显示出这种优越性，制定四元系相图比制定三元系相图相对的这种优越性更大。

按预测条件和法则通过对低熔点合金相图的预测和制定，充分证明，低熔点合金相图易于实测。限于实验条件，目前尚难对高熔点物系进行实测。例如四元系 $CaO-MgO-Al_2O_3-SiO_2$ 相图，我们只做出预测的总图，还没能精确定位图内各不变点及曲线曲度，使之成为精确的真实的相图。愿有关科技工作者能在这方面给予指导和帮助，推动这一工作的进展。

用预测法制定相图，工作人员必须充分熟悉掌握相图，尤其是多元系相图的几何法则和形式规律。只有在这一前提下才能理解掌握和运用预测相图的基本法则和方法，才能顺利地从事用预测法制定相图的工作。

作者贾成珂在过去的工作中曾得到北京地质大学研究生部苏良赫教授的热切关怀和大力支持；完稿后又承蒙苏老审阅指正，特表感谢。

原鞍山钢铁学校高级实验师黄金生、高级讲师汤贵奇等同志做了大量实验；鞍钢钢铁研究所提供了检测手段，在此对他们表示深切感谢。该书于20世纪80年代末就已完稿，直至今日得以出版。该书的出版，既发挥了它应有的学术价值，也了却了作者贾成珂的遗愿。

因作者水平所限，书中不妥之处，望广大读者批评指正。

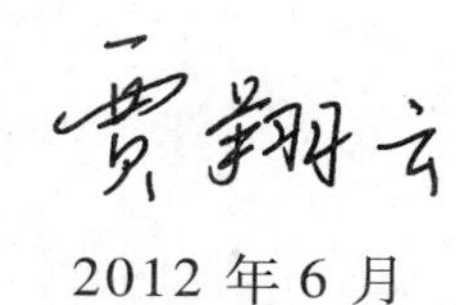

2012年6月

目　录

1 制定三元系和四元系相图的预测条件和预测法则[1]

1.1 预测条件

1.1.1 必须已知构成被制定相图的较低元系逐个相图条件

欲制定一个三元系相图，必须已知构成该三元系相图的 3 个二元系相图；欲制定一个四元系相图，必须已知构成该四元系相图的 4 个三元系相图。

1.1.2 必须已知被制定相图是否存在中间相条件

预制定一个三元系或四元系相图，必须分别已知是否存在三元中间相或四元中间相。如果存在，必须知道中间相的数目、每个中间相的成分位置以及结晶性质（一致熔化的还是不一致熔化的）。

确定三元或四元中间相是否存在的取样，分别在三元系的成分三角形内或四元系的成分四面体内，分别按已知的每三种或每四种邻近物相间分别连接成连线三角形或连线四面体。在各个连线三角形内或连线四面体内任取一个试样做相的分析，即可得知有无三元或四元中间相存在。如果存在，再做中间相的定量分析，以确定其成分位置或化学分子式；做热分析以确定中间相的结晶性质。

1.1.3 必须已知被制定的相图内各两两物相间是否存在相平衡关系条件

确定两种物相 M_1 与 M_2 之间是否存在相平衡关系，是在两物相 M_1 与 M_2 二者连线上任取一个试样，熔后缓冷，低温下做相的定性分析。如果 M_1 与 M_2 共存，则二者存在相平衡关系。若 M_1 与 M_2 不共存，即其中之一被第三种物相 M_3 所取代，或二者都不存在而被 M_3 和 M_4 所取代，出现这两种情况，证明 M_1 与 M_2 不存在相平衡关系。

在任何方位上相邻两物相间常存在相平衡关系，若有第三种物相位于两物相连线的一侧较近，则该两物相常被第三种物相所间隔，而不存在相平衡关系。

1.2 预测法则

在满足上述预测条件之后，才能按照一定的预测法则，将相图的近似形式预测出来。现将四项预测法则按预测顺序进行分述。

1.2.1 相平衡物相的初晶液相域的相邻法则

凡是两物相 M_1 与 M_2 只要存在相平衡关系，二者的初晶液相域必然相邻。不存在相平衡关系则不相邻。

1.2.2 液相域相应边界数目法则

三元系内的一物相的液相域是液相面，四元系的则是液相体。液相面的相应边线数和液相体的相应面数的确定，在定压下某物相 i 的相应边界数目 $B_i^{P,L,S,\cdots}$（P、L、S 分别代表点、线、面）与元系数目 C、与之相平衡的其他物相数目 N_i 以及组成该物相 i 的组元数目 Q_i 有关，其关系式为：

$$B_i^{P,L,S,\cdots} = C + N_i - Q_i$$

Q_i 若为某一个组元，则 $Q_i = 1$；若为二元中间相，$Q_i = 2$，以此类推。但被组元和中间相固溶的其他物相不算。例如三元系的某二元中间相（或中间固溶体）与另外三种物相成相平衡关系，则该二元中间相的液相面边数为：

$$3 + 3 - 2 = 4$$

若在 N_i 中有 Z 个物相成无最低熔点连续固溶体系，则在上式中减去（Z－1）即：

$$B_i^{P,L,S,\cdots} = C + N_i - Q_i - (Z - 1), Z \leqslant N_i$$

例如，四元系的某组元 A，与之相平衡的三个物相中的两个物相间成无最低熔点连续固溶体关系，则组元 A 的液相体相应面数为：

$$4 + 3 - 1 - (2 - 1) = 5$$

1.2.3 预测图几何形式确定法则

预测图几何形式的确定，是在上述两项法则确定后，根据相图的几何法则和形式规律勾划出来的。

在定压下，三元系和四元系相图的温度坐标分别投影在成分三角形面上和成分四面体内，温度变化的降温箭头在曲线上标示。开始时是自较低元系图上的不变点向预测图内引申为单变曲线。根据：

（1）法则 1.2.1、1.2.2；

（2）物相结晶性质，按构成相图的几何法则和形式规律，在预测图内引线建点，点与点间引线相连，三元系图则由点、线、面构成，四元系图则由点、线、面、体构成，将预测图建立起来。

在具有中间相的三元系相图中的不变点可能有：

（1）一条曲线线段，降温箭头分头指向两个端点，在该曲线上有个最高温度点（分水点）。在该点上的液体与两种物相平衡形式为：

$$L \rightleftharpoons M_1 + M_2$$

或

$$L + M_1 \rightleftharpoons M_2$$

（2） 由三条曲线汇交的不变点，该点上的液相与三种物相平衡形式为：

$$L \rightleftharpoons M_1 + M_2 + M_3$$

$$L + M_1 \rightleftharpoons M_2 + M_3$$

$$L + M_1 + M_2 \rightleftharpoons M_3$$

具有中间相的四元系图中的不变点，除了具有三元系的那些种液相不变点外，还可以有由四条单变曲线汇交成的液相与四种物相平衡的液相不变点，其平衡形式为：

$$L \rightleftharpoons M_1 + M_2 + M_3 + M_4$$

$$L + M_1 \rightleftharpoons M_2 + M_3 + M_4$$

$$L + M_1 + M_2 \rightleftharpoons M_3 + M_4$$

$$L + M_1 + M_2 + M_3 \rightleftharpoons M_4$$

在四元系里的三元系液相不变点（如三元共晶点）也是一条曲线上（如三元共晶线）的“分水点”，该曲线两个端点分别汇交在五相平衡的两个液相不变点上。下面分别取样预测三元系和四元系相图中液相与不同结晶性质物相间平衡可能存在的几何形式，用图示说明。

（1） 在相平衡的两物相 M_1-M_2 连线上任取一个试样，热分析的整个过程中没有出现过第三种物相 M_3 的结晶，则在三元系相图中呈图 1－1 的情形。K 既是二元共晶点，又是“分水点”，M_1 与 M_2 都是一致熔化的中间相或其中之一是组元。图 1－2 是 M_2 为不一致熔化的三元中间相，它被覆盖在某一组元或某一致熔化中间相 M_1 的液相面下面。M_2 的液相面常位于连线 M_1-M_2 的一段延伸线端点 K 的外边。

四元系相图中则呈图 1－3 和图 1－4 所示情形。图 1－4 中的不一致熔化中间相 M_2 位置在 M_1 的液相体内。M_2 的液相体在 K 点的外侧。

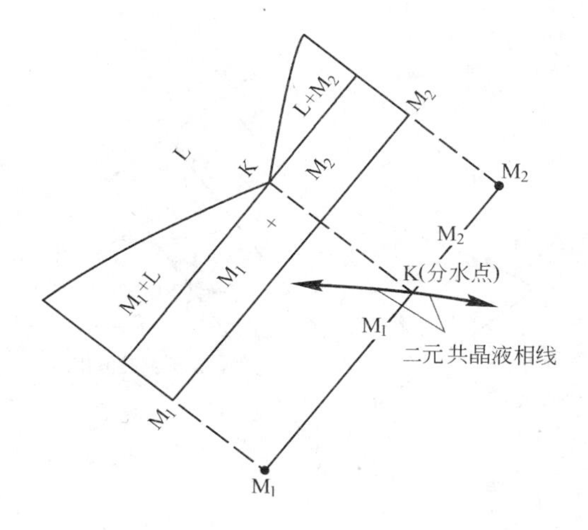

图1-1 三元系内的二元简单共晶

(比例1:1)

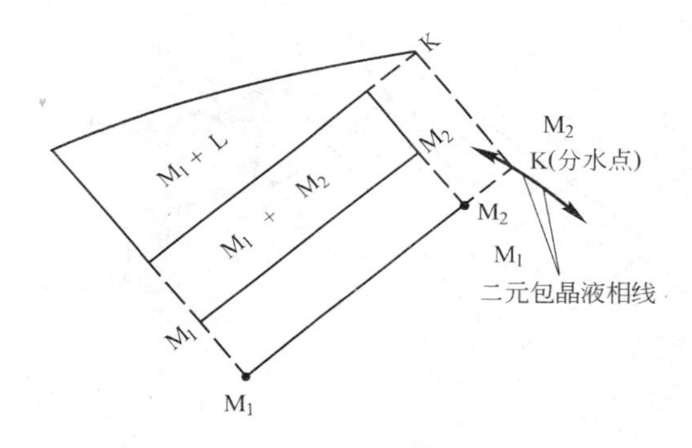

图1-2 在三元系内的二元包晶

(比例1:1)

(2) 在相平衡的两物相 M_1 与 M_2 连线上任取一试样，热分析凝固过程中曾出现过第三种物相 M_3（甚至还有 M_4）晶体，至室温下 M_3（及 M_4）又消失而不存在，仍为 M_1 与 M_2 的混合相。在三元系相图中可能出现图1-5及图1-6所示情形。

图1-5中 M_1 和 M_2 其中一种或二者都是一致熔化或不一致熔化的二元或三元中间相。二者或中间之一（如 M_1）不一致熔化中间相被覆盖在某组元或一致熔化中间相 M_3 的液相面下面（也有可能 M_2 被覆盖在

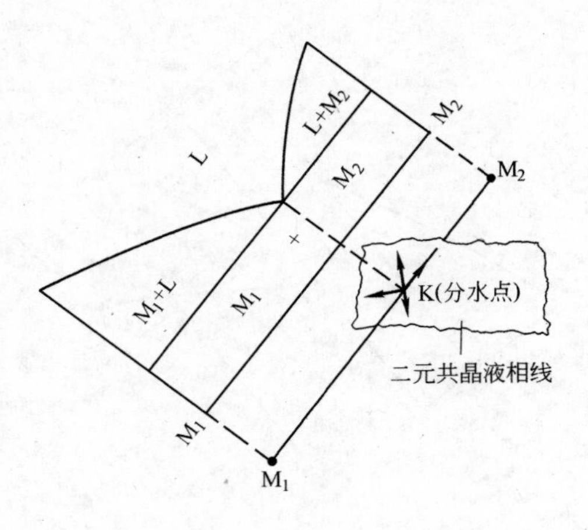

图1－3 在四元系内的简单二元共晶

（比例1：1）

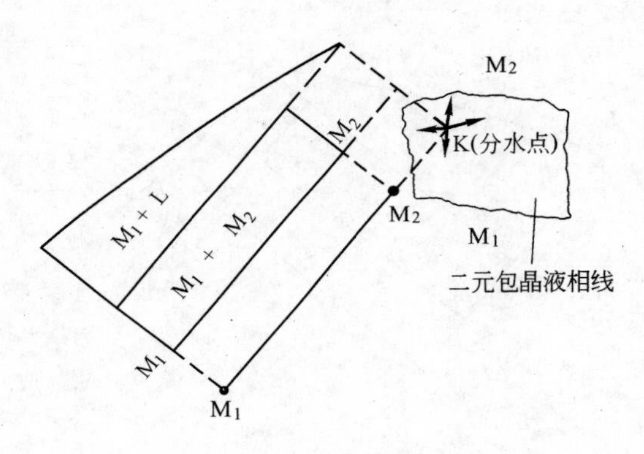

图1－4 在四元系内的二元包晶

（比例1：1）

M_1 的液相面下面）。液相点 P 的等温反应式为：

$$L_P + M_3 \rightleftharpoons M_1 + M_2$$

假若 M_1 与 M_2 皆为不一致熔化中间相，P 点上的来龙去脉线是点划箭头线；若只是 M_1 为不一致熔化中间相，则是实线箭头线。图 1－6 中 M_1 为不一致熔化中间相，被覆盖在 M_2 的液相面下面。且 M_1 位于 M_3、M_2 和液相不变点 P 三者构成的连线三角形内。P 点上液相的等温凝固反

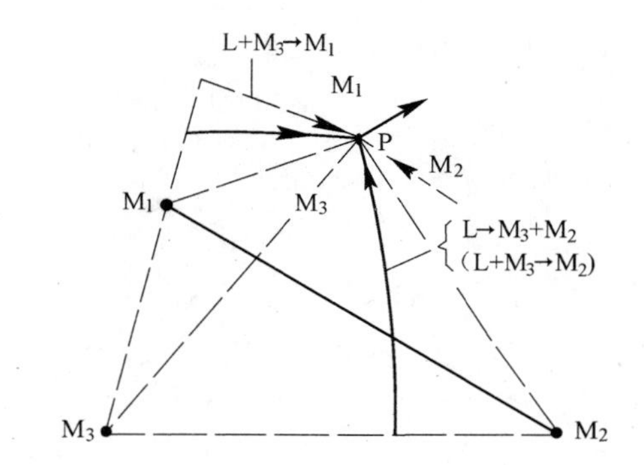

图 1－5 三元系中的包共晶反应形式：

$L_P + M_3 \rightleftharpoons M_1 + M_2$

（比例 1：1）

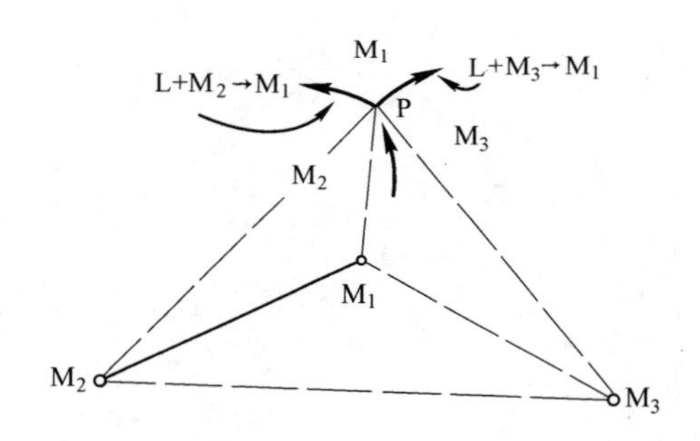

图 1－6 三元系中的包晶反应形式：

$L_P + M_2 + M_3 \rightleftharpoons M_1$

（比例 1：1）

应式为：

$$L_P + M_2 + M_3 \rightleftharpoons M_1$$

在四元系相图中的形式则分别如图 1－7 和图 1－8 所示情形。

（3）成为相平衡关系的三物相 M_1、M_2 和 M_3 都是一致熔化中间相（或组元）。在三元系相图内常由三条二元共晶线，在其连线三角形内汇交成一个三元共晶点 E（见图 1－9）。在四元系中，则由 3 个二元共晶

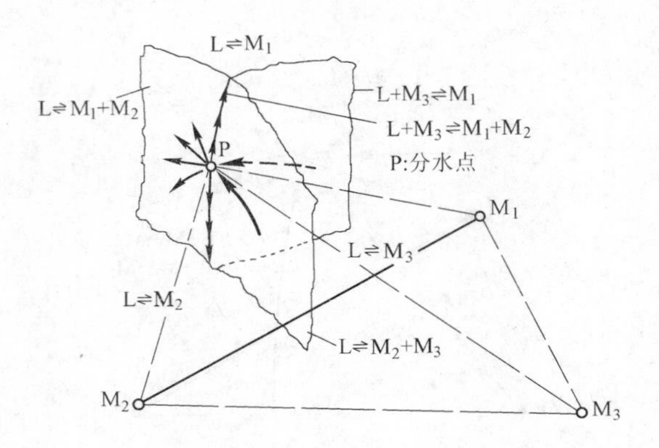

图 1－7　四元系中的包共晶反应形式：

$L_P + M_3 \rightleftharpoons M_1 + M_2$

（比例 1：1）

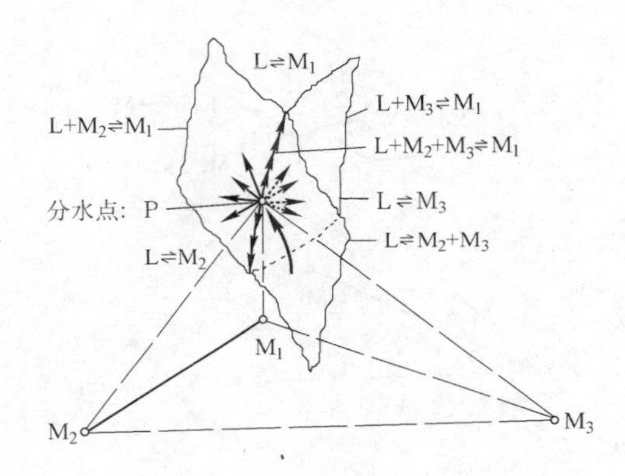

图 1－8　四元系中的包晶反应形式：

$L_P + M_2 + M_3 \rightleftharpoons M_1$

（比例 1：1）

曲面汇交而成一条三元共晶曲线穿过连线三角形 $M_1-M_2-M_3$ 面，其穿交点 K 便是“分水点”（见图 1－10）。

（4）在四元系图中一个物相的初晶液相体，它的任何一个顶点（不变点）必须由四条单变曲线汇交而成。但是孤立地来看一个液相体的顶点必须是由 3 个边界面或 3 条边界线汇交而成。如在四元系 Pb－Sn－Sb－Bi 相图中的二元中间相 Sb · Sn(β) 的液相体（图 1－11），是个六面体。

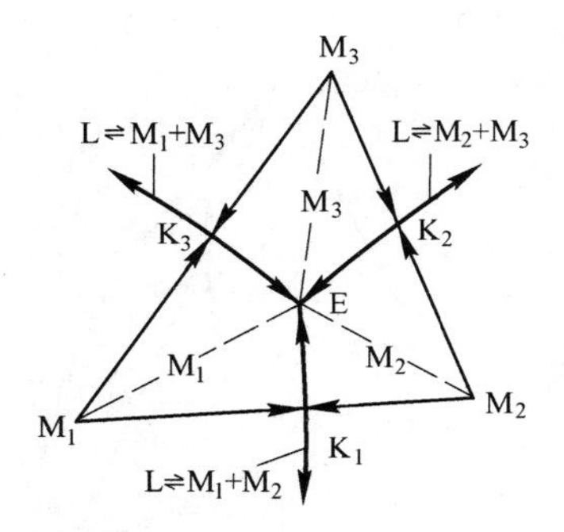

图 1－9 三元系中的三元共晶反应形式：

$L_E \rightarrow M_1 + M_2 + M_3$

（比例 1：1）

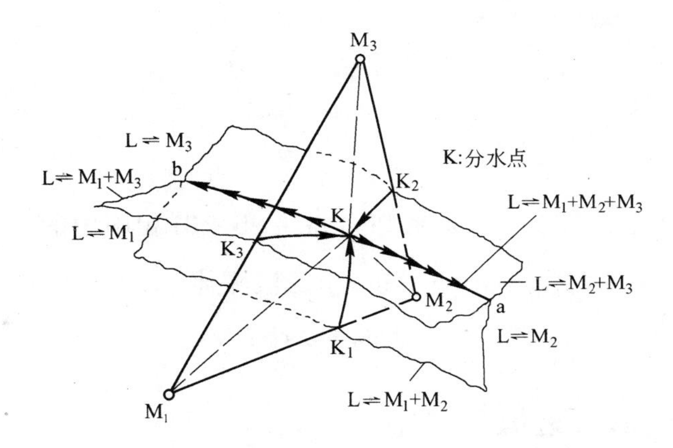

图 1－10 四元系中的三元共晶反应形式：

$L_K \rightarrow M_1 + M_2 + M_3$（等温）

$L_{Ka} \rightarrow M_1 + M_2 + M_3$（非等温）

$L_{Kb} \rightarrow M_1 + M_2 + M_3$（非等温）

（比例 1：1）

顶点上多一条或少一条线汇交都是错误的。

在满足预测条件下根据上述三项法则，只要确定预测三元系而不存在三元中间相，预测四元系而不存在四元中间相的情况下，可不经取样热分析，就能直接预测出相图来。

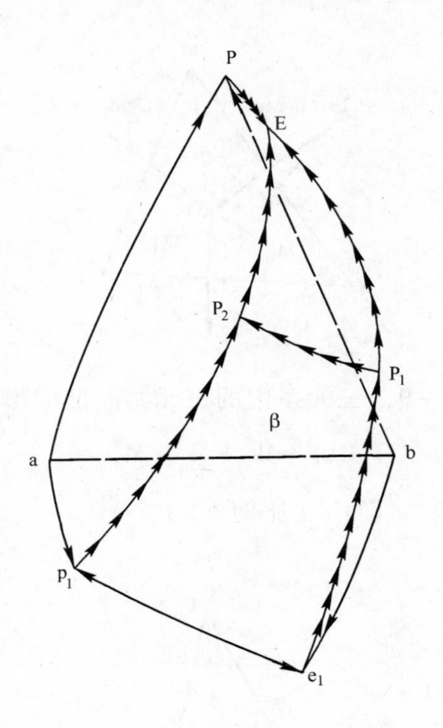

图 1－11　四元系 Pb－Sn－Sb－Bi 相图中的
β(Sb · Sn)相的液相体
(比例 1 : 1)

1.2.4　将预测图形式近似化法则

预测图基本形式确定后，需进一步使其形式近似化的办法是：将预测图内的每个液相图不变点的位置近似化。因为不变点制约着相图中其他几何要素——线、面及体的形状大小乃至部位。根据相图的形式规律，液相不变点的位置和与之相平衡的逐物相的晶（熔）点有关。液相不变点的位置常距晶点最低的物相位置最近，距晶点最高的位置最近，距晶点最高的物相位置最远。物相间的晶点差距越大，不变点与之距离差别也越大。此外，也可以对比汇交成液相不变点的单变曲线的源发点温度。这与对比相平衡物相晶点方法一样。于是就能将预测图的形式近似化。预测图中的单变曲线可暂用直线表示。

1.3　将预测相图变为真实相图

预测图的近似形式建立后，最后一步就是根据物系凝固过程的几何法则，选取适当成分的试样，精确定位各不变点及单变曲线的曲度，把预测相图变为真实相图。例如，欲精确确定预测的三元系相图中的一个三元共晶点 E 的位置，可在预测图中选取一个能在 E 点最后凝固的试样。从预先做的冷却曲线上观察控制，再次熔化缓冷到将发生三元共晶凝固温度（冷却曲线上最后划平台线开始的温度），马上从试样中取出剩余液体，做定量分析即得。其他类推。

欲确定单变曲线的曲度，可在预测图上选取一个凝固过程液相成分变化必然能达到该单变曲线上，而且靠曲线中间部位的试样，从预先做的冷却曲线上观察控制，当冷却达到刚好液相成分达到该曲线上温度时（该冷却曲线的相应拐点处），马上从试样中取出剩余液体，经定量分析即得该点成分。然后把已知的该曲线两个端点与该成分点连接成一条平滑曲线。如果曲线过长，可在其上定 2 个或 3 个成分点，然后平滑连接，这样精确度会更高。反之，曲线过短，可不必定曲度，直接用直线连接。

为进一步证明用预测法制定相图的正确无误，在精确定位不变点和单变曲线曲度后，还需把冷却曲线、低温显微组织图与结晶过程几何法则结合起来核对无误方可。

三元系和四元系相图内液相与固相平衡的形式及其存在的空间域如图表 1－1 及图表 1－2 所示（四元系的温度坐标投影在成分四面体内）。应当指出，温度坐标投影在成分体内，在图表 1－2 中的五相平衡几何形式中的四种固相都属固溶体型。若为组元和非固溶型中间相（例如硅酸盐相图），各固相点上就不存在五相平衡反应前后来龙去脉的成分——温度曲线。

图表 1－1 三元系内各种相平衡的几何形式

平衡相数	平衡式	几何形式	液相存在的空间域
单项状态	L⇌(液)	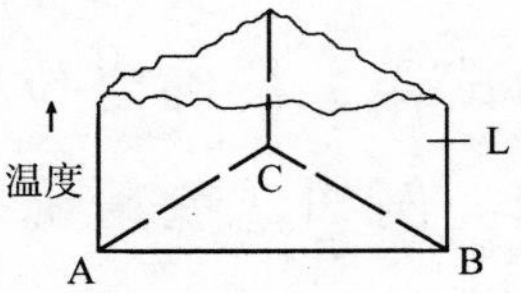	温度—成分体内的体
两相平衡	L⇌S(固)	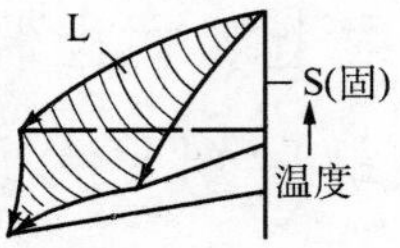	温度—成分体内的曲面
三相平衡	$L \rightleftharpoons S_1+S_2$	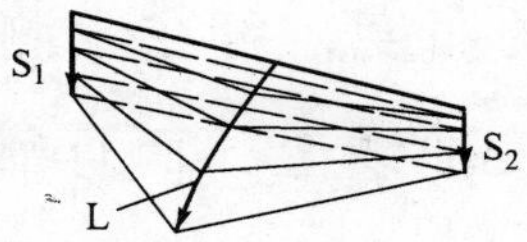	温度—成分体内的曲线
	$L+S_1 \rightleftharpoons S_2$	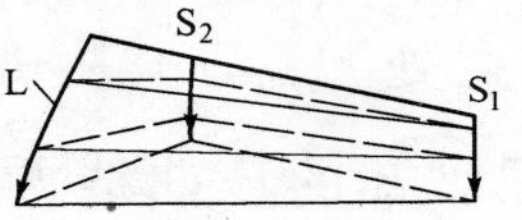	
四相平衡	$L \rightleftharpoons S_1+S_2+S_3$	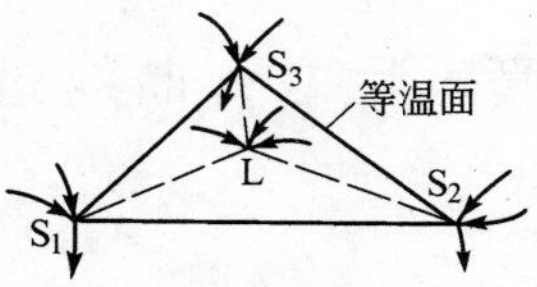	温度—成分体内的点
	$L+S_1 \rightleftharpoons S_2+S_3$	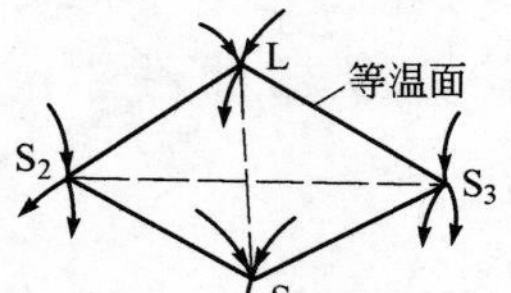	
	$L+S_1+S_2 \rightleftharpoons S_3$	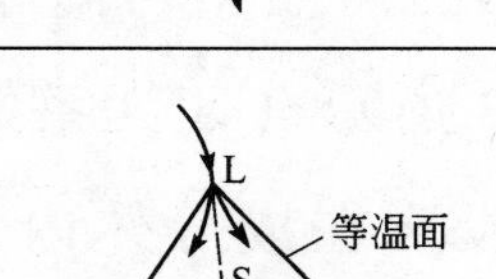	

注：表中图的比例为 1：0.38。

图表 1－2 四元系内液相与固相平衡的形式及其存在的空间域

平衡相数	双相平衡	三相平衡		四相平衡		
液相空间域	四面体内的体	四面体内的曲面		四面体内的曲线		
平衡式	L(液) ⇌ S(固)	$L \rightleftharpoons S_1 + S_2$	$L + S_1 \rightleftharpoons S_2$	$L \rightleftharpoons S_1 + S_2 + S_3$	$L + S_1 \rightleftharpoons S_2 + S_3$	$L + S_1 + S_2 \rightleftharpoons S_3$
几何形式	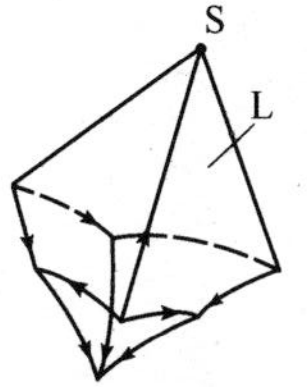	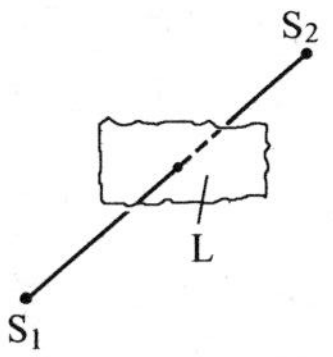	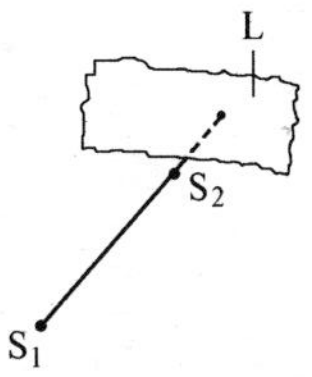	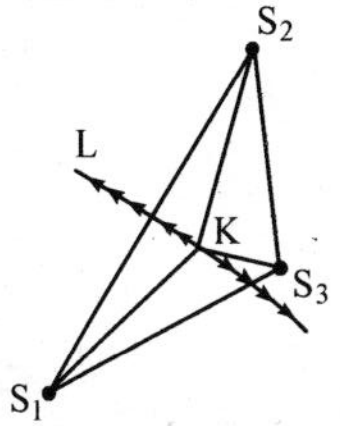	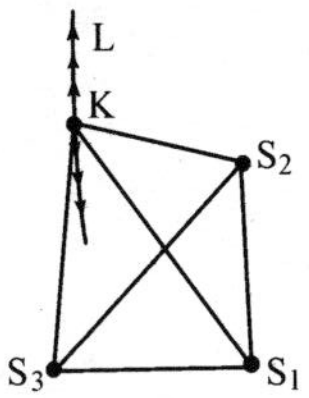	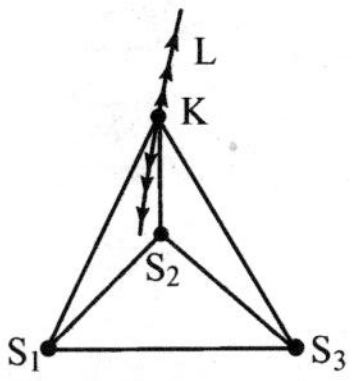

平衡相数	五相平衡			
液相空间域	四面体内的点			
平衡式	$L \rightleftharpoons S_1 + S_2 + S_3 + S_4$	$L + S_1 \rightleftharpoons S_2 + S_3 + S_4$	$L + S_1 + S_2 \rightleftharpoons S_3 + S_4$	$L + S_1 + S_2 + S_3 \rightleftharpoons S_4$
几何形式	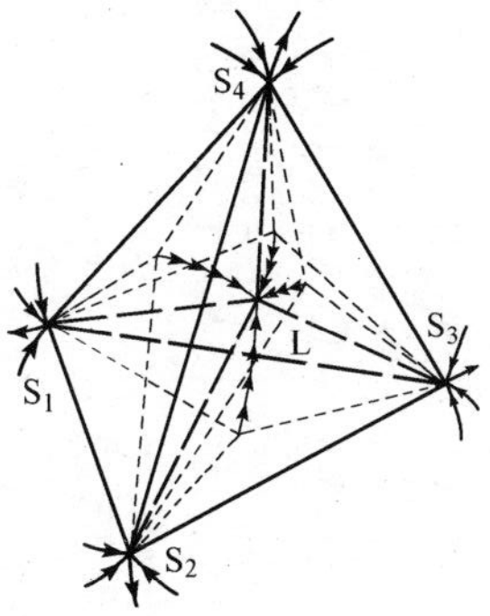	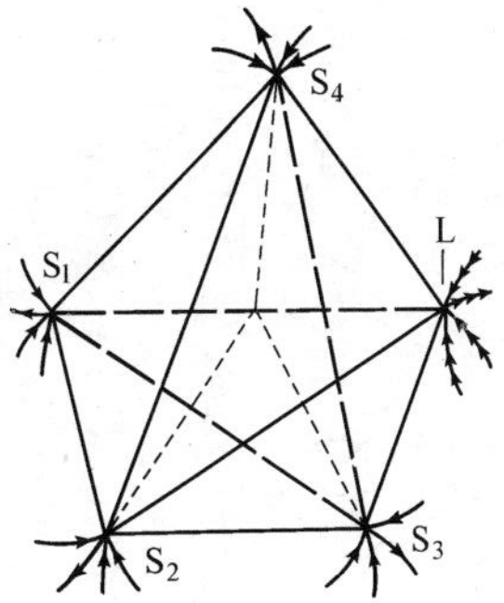	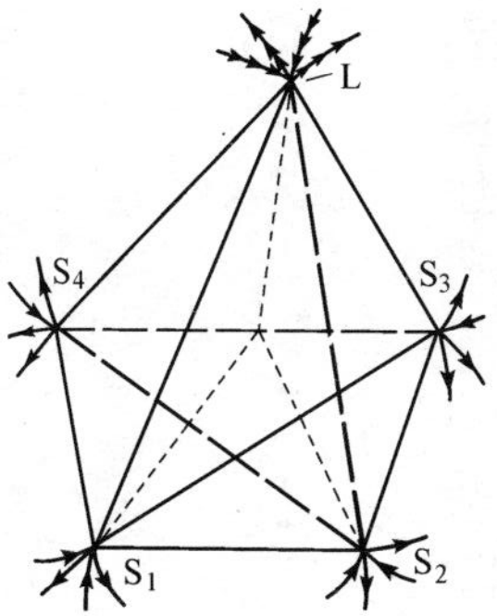	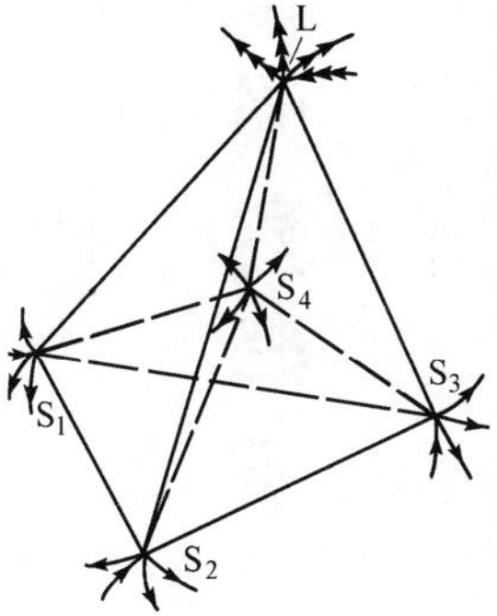

注：表中图的比例为 1：0.67。

2 用预测法制定三元系相图[2]

2.1 按已知预测条件的预测举例

2.1.1 $CaO-Al_2O_3-SiO_2$ 系

满足的预测条件是：

（1）已知3个二元系 $CaO-Al_2O_3$，$Al_2O_3-SiO_2$ 和 $CaO-SiO_2$ 相图；

（2）有两个一致熔化的三元中间相 CAS_2 和 C_2AS；

（3）该三元系里存在16个两两物相间的相平衡关系——CAS_2-CS、CAS_2-C_2AS、CAS_2-CA_6、$CAS_2-Al_2O_3$、$CAS_2-A_3S_2$、CAS_2-SiO_2、$CS-C_2AS$、$C_2AS-C_3S_2$、C_2AS-C_2S、C_2AS-CA、CA_2S-CA_2、C_2AS-CA_6、C_2S-CA、$C_2S-C_{12}A_7$、C_2S-C_3A、C_3S-C_3A。其中：CAS_2-SiO_2、CAS_2-CS、CAS_2-C_2AS、CAS_2-Al_2O、C_2AS-CA_2、C_2AS-CA、C_2AS-C_2S、$CS-C_2AS$、$C_2S-C_{12}A_7$ 9个二元系是简单共晶型的，它们的共晶点都在二元系连线上。

图2-1示出了1、2、3、4、5、6、7、8、9依次9个简单二元共晶点。根据图1-1几何形式图示，9个二元共晶点都是二元共晶曲线上的“分水点”。图2-2所示为 $CS-C_2AS$ 二元系相图符合图1-1所示形式。只需在该二元连线上任取一个试样进行热分析和对二元共晶点8取

样做定量分析，就能测出该二元共晶点 8 的温度和成分。1 ~ 9 点的温度和成分都可以如此测知。其他 7 个二元系，在其上取样，结晶过程中曾出现过第三种物相（甚至多种），低温组织仍是各该二元混合相。图 2 - 3 所示是在二元系 CAS_2 - A_3S_2 上任取一个试样，凝固过程曾出现过第三种物相 Al_2O_3。但低温下 Al_2O_3 不复存在，组织仍是 CAS_2 和 A_3S_2 的混合物，其他情况都类似。

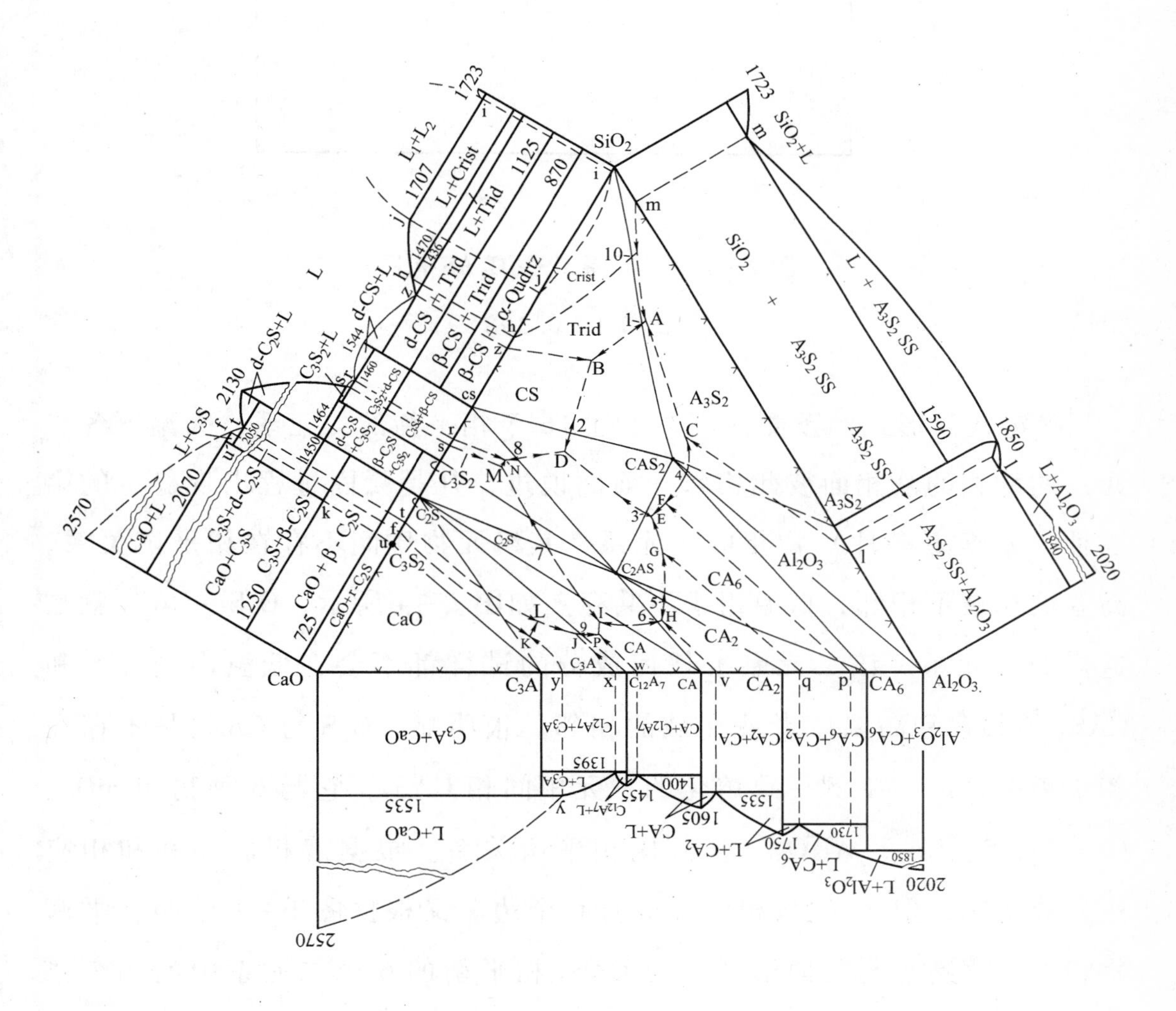

图 2 - 1　CaO - Al_2O_3 - SiO_2 系的预测图

（比例 1：0.36）

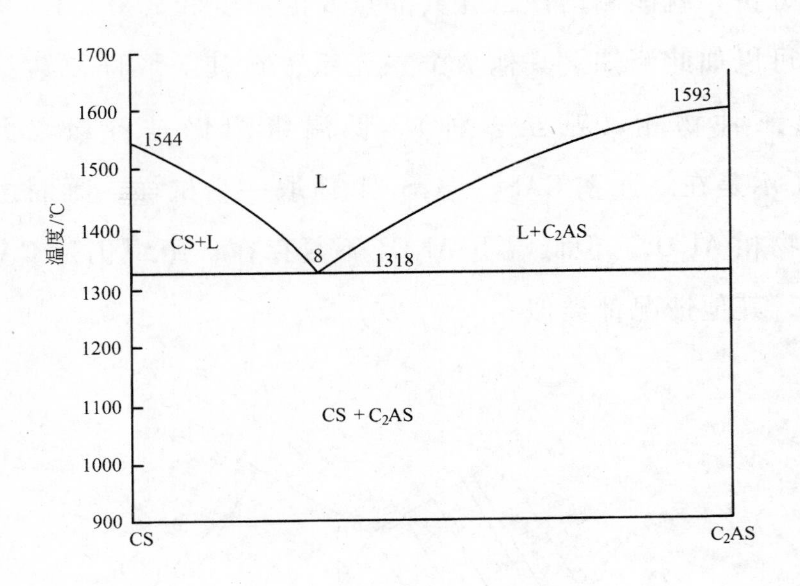

图 2-2　二元系 $CS-C_2AS$ 相图

（比例 1：0.39）

确定几何形式的预测法则，上述 16 个相平衡的二元系，高温下各二元系的物相的液相面彼此相邻。前面说过，凡是凝固过程出现稳定的第三种（甚至更多种）物相的二元系，其组元物质间不存在相平衡关系，高温液相域不相邻，低温组织不共存。如图 2-4 所示，C_2S-CAS_2 就是这样的二元系。该二元系上任何成分的试样都不会在低温出现 C_2S 和 CAS_2 的共存和高温二者液相域的相邻。很明显，C_2S 与 CAS_2 是不存在相平衡关系的。举例一致熔化的三元中间相 CAS_2，它与 6 种物相 SiO_2、CS、C_2AS、CA_6、Al_2O_3、A_3S_2 成相平衡关系。根据液相面相邻和相应边界数法则，CAS_2 的液相面应该有 6 个边。又根据图 1-1 中两相平衡物相的凝固特点与几何形式，与 CAS_2 相平衡的 6 个二元系中的 4 个二元系 CAS_2-SiO_2、CAS_2-CS、CAS_2-C_2AS、$CAS_2-Al_2O_3$ 是简单共晶型的。其中 CAS_2-SiO_2、CAS_2-CS、SiO_2-CS 三个二元系又构成一个简

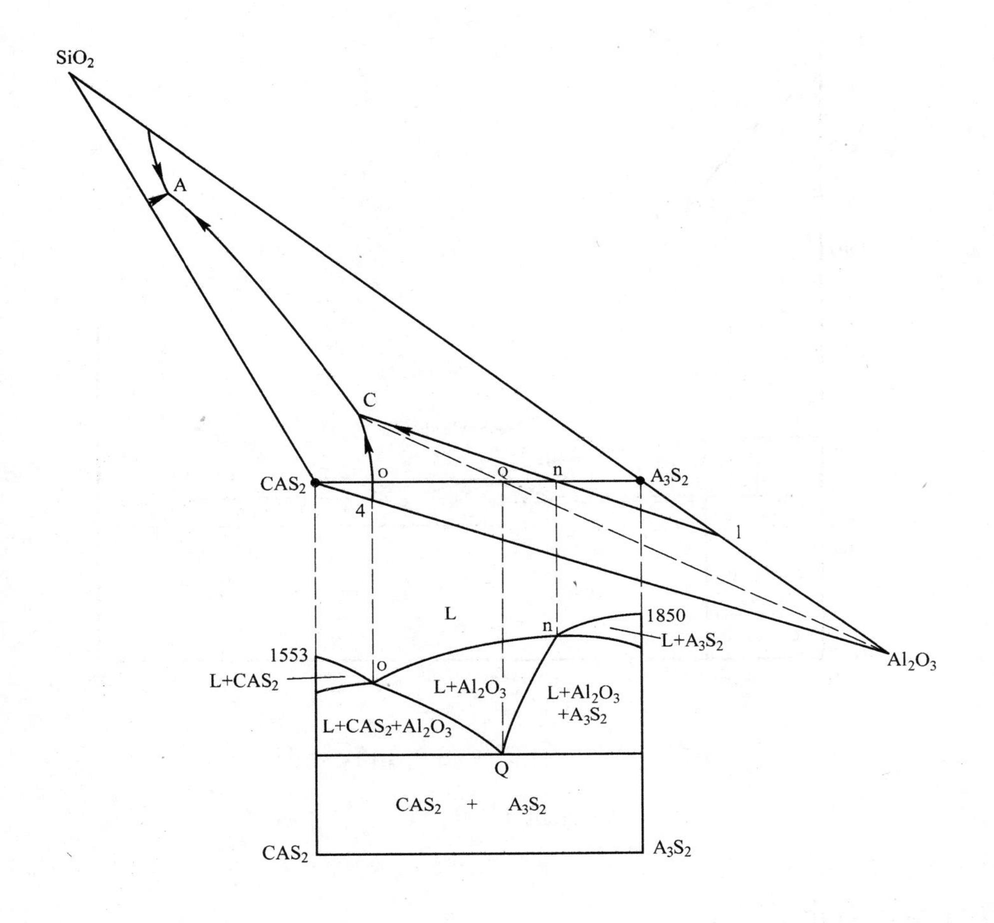

图2-3 二元系 $CAS_2-A_3S_2$ 相图

（比例1：0.47）

单共晶的三元系相图（见图2-5），它与图1-9相似。又如图2-3所示，二元系 $CAS_2-A_3S_2$，取样结晶过程曾出现过第三物相 Al_2O_3，而且 Al_2O_3 的位置是已知的。这符合图1-5所示形式。所以 Al_2O_3、CAS_2、C、A_3S_2 四种物相位置的连线，必能预测成图2-6所示形式。其他类推。这样，对整个三元系 $CaO-Al_2O_3-SiO_2$ 中两两成相平衡物相取样分析，按照图1-1、图1-5、图1-9等建立相图形式，彼此有机地结合起来，最终预测出总的如图2-1所示的形式。而后按预测法则一一检

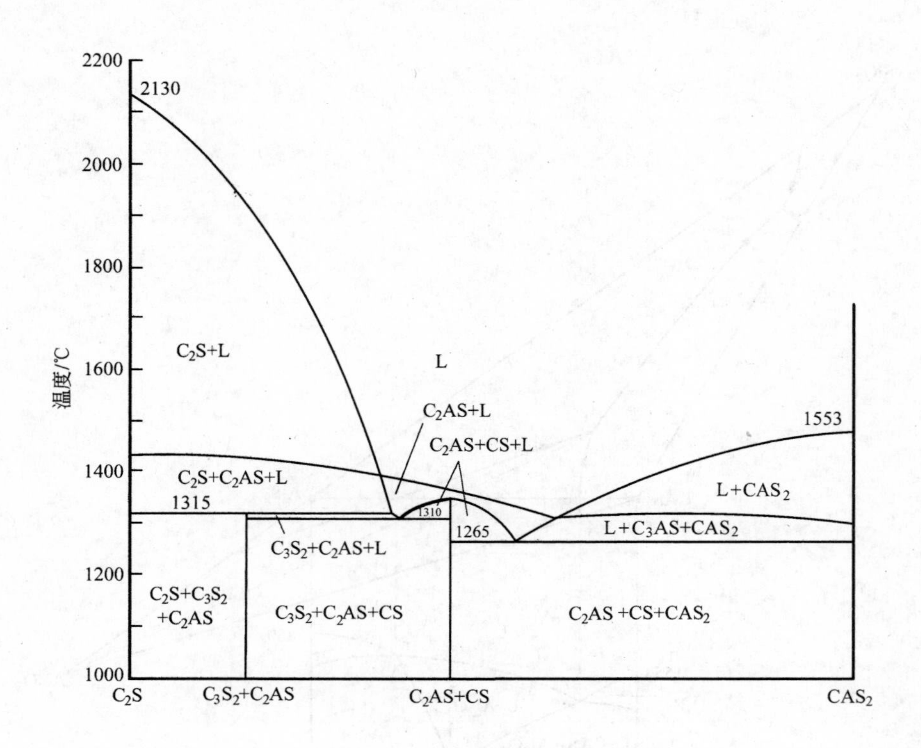

图 2－4 二元系 C_2S-CAS_2 相图

（比例 1：0.47）

验核对无误为止。

根据预测图形式近似化法则，液相不变的位置，通过对比与之平衡的三物相的晶点或对比汇交的三条单变曲线源发点温度来近似确定。例如图 2－6 中的液相不变点 C，距 Al_2O_3（晶点 2020℃）较远，距 CAS_2（晶点 1553℃）较近，距 A_3S_2（晶点 1850℃）居中。又如图 2－5 所示的三元系 $CS-CAS_2-SiO_2$ 不变点 B 的位置，距 z 点（1435℃）较近，距 2 点（1307℃）较远，距 1 点（1368℃）居中。由于汇交 B 点的三条曲线源发点温度差别不太大，B 点的位置基本上在连线三角形 $CS-CAS_2-SiO_2$ 内的中部。从图 2－5 可以看出，$\widehat{zB}$似乎比$\widehat{2B}$短。其实不然，我们看到的三角形 $CS-CAS_2-SiO_2$ 不是正三角形。若将它的各边都按

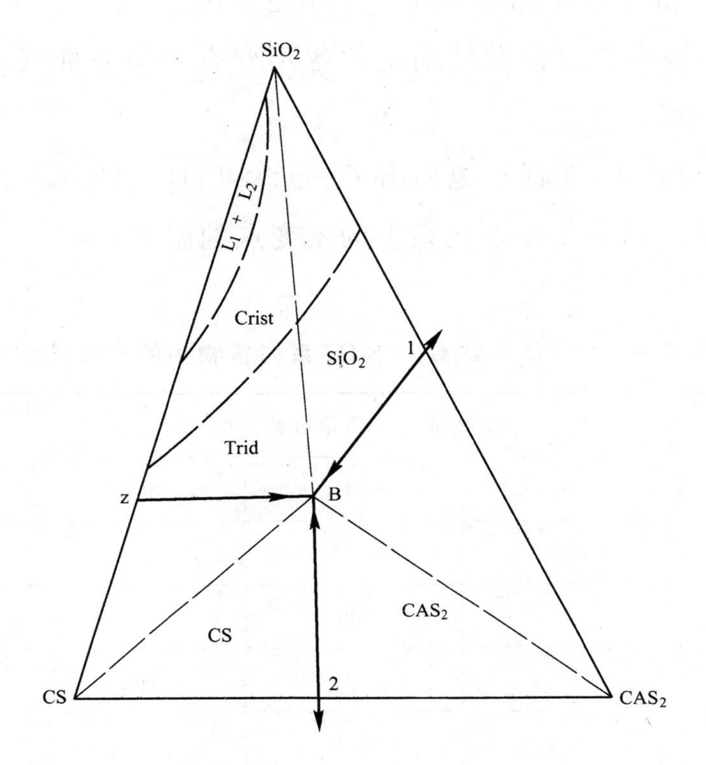

图 2－5 按 3 个简单二元共晶相图预测成的三元简单共晶型相图

（比例 1：1）

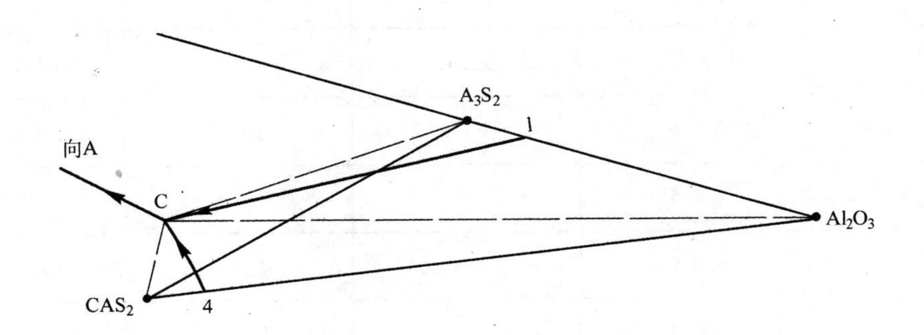

图 2－6 CAS_2－A_3S_2 系上的预测图形式

（比例 1：1）

相等的 100 单位变形成正三角形，则$\widehat{zB}$还要比$\widehat{2B}$长。

预测图出来后，只待做精确定位各不变点和单变曲线曲度，将预测图变为真实图的工作了。

表 2 - 1 和表 2 - 2 详尽地列出了三元系 $CaO - Al_2O_3 - SiO_2$ 内各个物相的成分、晶点及其 3 个二元系上的不变点的温度。

表 2 - 1　$CaO - Al_2O_3 - SiO_2$ 系内各物相的成分及熔点

物　相	组成成分（质量分数）/%			熔点/℃
	CaO	Al_2O_3	SiO_2	
C	100			2570
A		100		2020
S			100	1723
C_3A	62.2	37.8		1535 分解
$C_{12}A_7$	48.5	51.5		1455
CA	35.6	64.4		1605
CA_2	21.6	78.4		1750
CA_6	8.4	91.6		1850 分解
C_3S	73.6		26.4	2070 分解
C_2S	64.5		35.5	2130
C_3S_2	57.1		42.9	1464 分解
CS	48.2		51.8	1544
A_3S_2		71.75	28.25	1850
CAS_2	20.1	36.6	43.3	1553
C_2AS	40.9	37.2	21.9	1593

表 2-2 $CaO-Al_2O_3$，$CaO-SiO_2$，$Al_2O_3-SiO_2$ 三个二元系内各不变点的性质、成分及温度

不变点	温度/℃	反应形式	二元系组成成分（质量分数）/%					
			$CaO-Al_2O_3$		$CaO-SiO_2$		$Al_2O_3-SiO_2$	
y	1535	$L+CaO \rightleftharpoons C_3A$	59	41				
x	1395	$L \rightleftharpoons C_3A+C_{12}A_7$	50	50				
w	1400	$L \rightleftharpoons C_{12}A_7+CA$	47.2	52.8				
v	1595	$L \rightleftharpoons CA+CA_2$	33.4	66.6				
q	1730	$L \rightleftharpoons CA_2+CA_6$	19.4	80.6				
p	1850	$L+Al_2O_3 \rightleftharpoons CA_6$	11.0	89.0				
u	2070	$L+CaO \rightleftharpoons C_3S$			71.9	28.1		
t	2050	$L \rightleftharpoons C_3S+\alpha-C_2S$			69.5	30.5		
s	1464	$L+\alpha-C_2S \rightleftharpoons C_3S_2$			55.6	44.4		
r	1460	$L \rightleftharpoons C_3S_2+\alpha-CS$			55	45		
z	1436	$L \rightleftharpoons \alpha-CS+SiO_2$			36	64		
l	1840	$L \rightleftharpoons Al_2O_3+A_3S_2$					77.5	22.5
m	1590	$L \rightleftharpoons A_3S_2+SiO_2$					5.6	94.4
k	1250	$C_3S \rightleftharpoons CaO+\beta-C_2S$			73.6	26.4		

2.1.2 $MgO-Al_2O_3-SiO_2$ 系

这里之所以举三元系 $MgO-Al_2O_3-SiO_2$ 相图为例，是因为该三元系内存在两个不一致熔化三元中间相 $M_2A_2S_5$ 和 $M_4A_5S_2$。下面重点讨论这两个三元中间相结晶过程的有关相图形式。

弄清三元中间相 $M_2A_2S_5$ 的结晶性质及成分位置后，取样分析确定 $M_2A_2S_5$ 能与六种物相 A_3S_2、MS、M_2S、MA、$M_4A_5S_2$、SiO_2 成相平衡关系（见图 2-7），据此，其液相面边数是 6。在 $M_2A_2S_5-A_3S_2$ 二元系上取样分析，不但 A_3S_2 的液相面覆盖着 $M_2A_2S_5$，而且还测出该二元系相平衡的“分水点”2（$L_2+A_3S_2 \rightleftharpoons M_2A_2S_5$）的温度及位置。根据图 1-2 形

式，可确定 $M_2A_2S_5$ 的液相面在 $A_3S_2-M_2A_2S_5$ 连线前方不远处（图 2－8）。

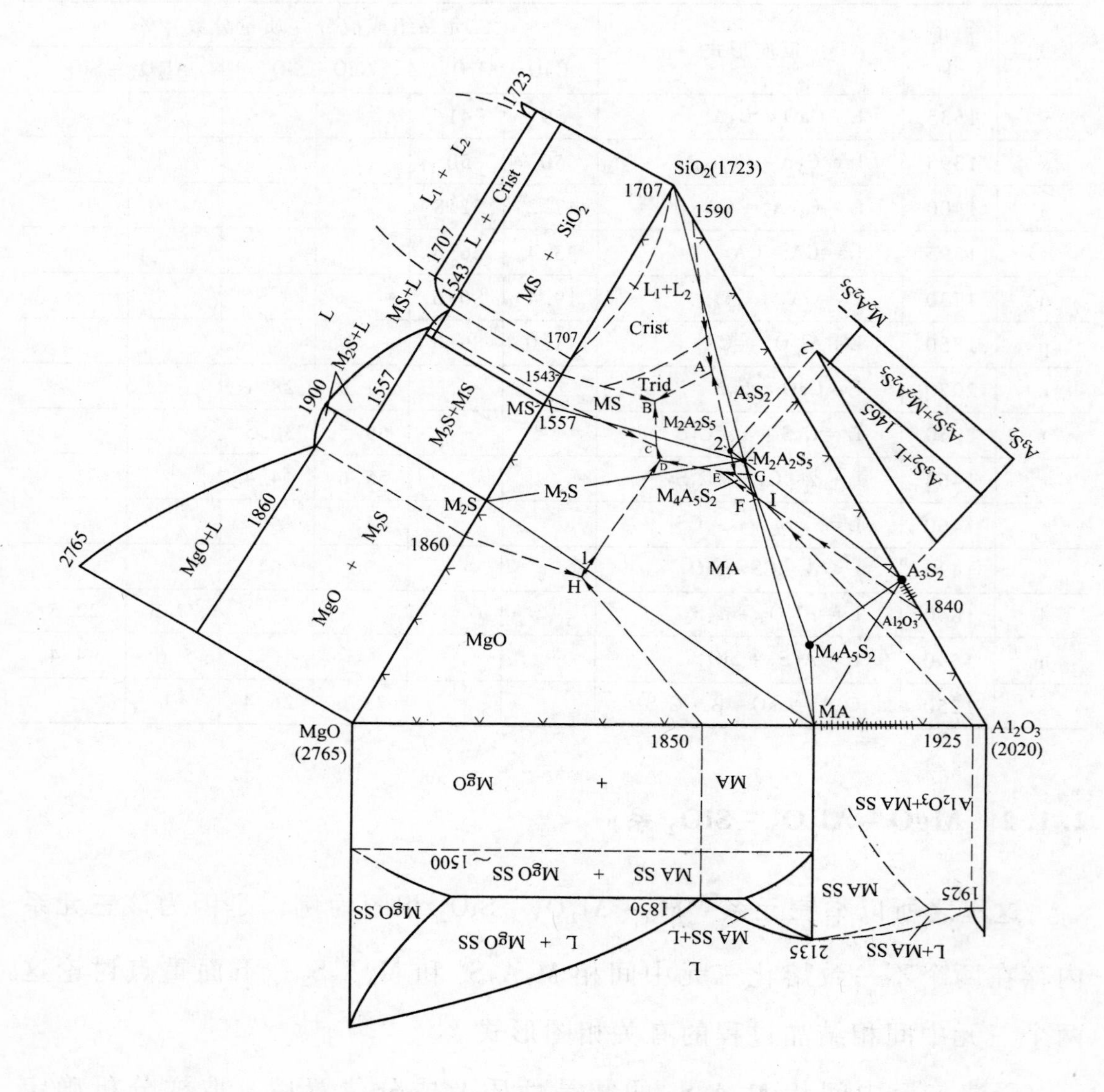

图 2－7　$MgO-Al_2O_3-SiO_2$ 系的预测图

（比例 1：0.39）

在 $M_4A_5S_2-MA$ 系上取样分析，得知三元中间相 $M_4A_5S_2$ 被覆盖在二元中间相 MA 的液相面下边。该系在结晶过程中曾出现过第三种物相

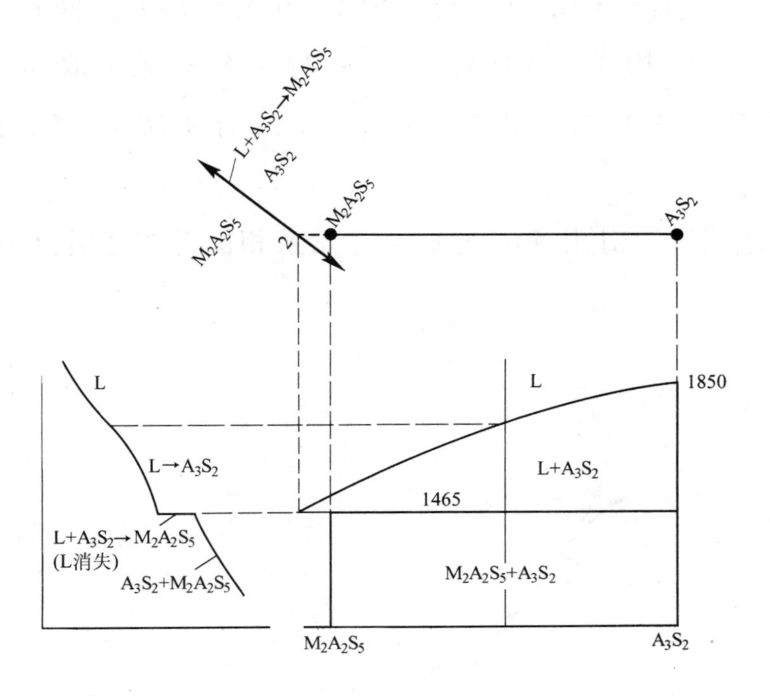

图 2－8 $M_2A_2S_5-A_3S_2$ 系上凝固形式图

（比例 1：1）

Al_2O_3 和第四种物相 A_3S_2。其反应顺序：

$$L \rightarrow MA$$

$$L \rightarrow MA + Al_2O_3$$

$$L + Al_2O_3 \rightarrow A_3S_2 + MA \text{（}Al_2O_3\text{ 先消失）}$$

$$L \rightarrow A_3S_2 + MA$$

$$L_F + MA + A_3S_2 \rightarrow M_4A_5S_2$$

在最后的反应中 L_F 和 MA 同时消失，只有 MA 与 $M_4A_5S_2$ 共存。$M_4A_5S_2$ 的液相面在 MA－$M_4A_5S_2$ 连线前方左侧（见图 2－9）。$M_4A_5S_2$ 位于连线

三角形 F－MA－A_3S_2 内部。它符合图 1－6 所示形式。液相不变点 I 与 MA、Al_2O_3、A_3S_2 构成连线四边形。在 MA－A_3S_2 系上取样分析，确定的相图形式符合图 1－5。因此，图 2－9 综合了图 1－5、图 1－6 的形式。

通过上述例解，对用预测法制定三元系相图基本上作了详尽而全面的介绍。

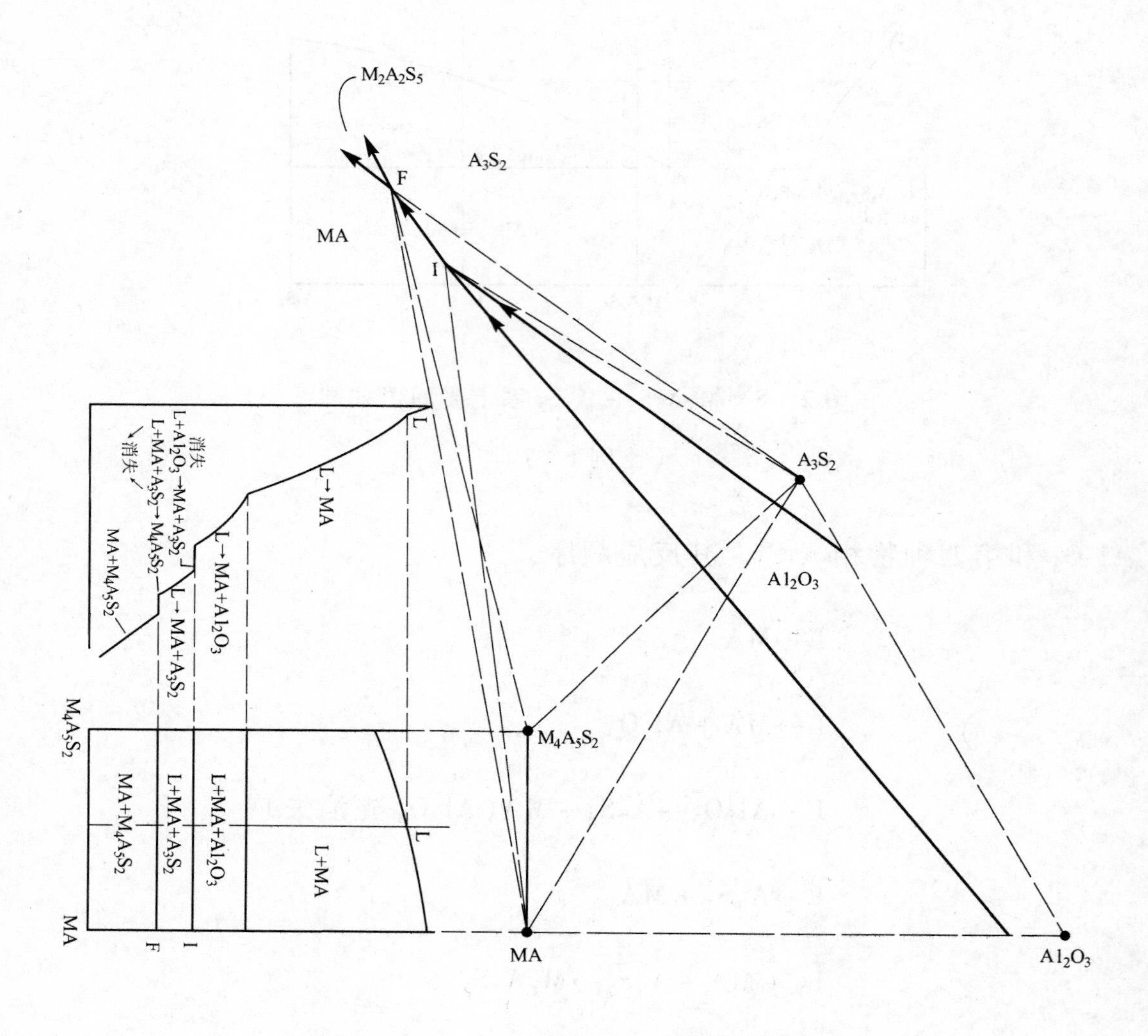

图 2－9 $M_4A_5S_2$－MA 系上的凝固形式图

（比例 1：1）

2.2 用预测法制定三元系 Pb – Sn – Sb 相图[3]

2.2.1 制备合金试样的原料及热分析用的仪器设备

2.2.1.1 原料

铅粒：纯度≥99.99%；锡粒：纯度 99.99%；锑：纯度为国标 1 号。

2.2.1.2 仪器设备

（1）坩埚炉（小型立式电阻加热）；

（2）陶瓷坩埚（规格：50mL）；

（3）测温仪（EU – 2 型镍铝—镍铬热电偶，XWB – 101 型自动电子电位差计，UJ – 36 型（0.1 级），手动电子电位差计）；

（4）定性、定量分析的 X 射线衍射及电子探针设备（由鞍钢钢铁研究所提供）。

2.2.2 建立预测条件的取样分析

已知构成三元系 Pb – Sn – Sb 相图的 3 个二元系 Pb – Sn、Pb – Sb 和 Sn – Sb 相图，如图 2 – 10 所示。另外两个预测条件——是否存在三元中间相和各两两物相间存在的相平衡关系尚且不知。因此必须借助取样实验建立预测条件，才能做出预测相图。

为解决是否存在三元中间相问题，只需在图 2 – 10 中选取 3 个合金试样 M_1(20% Pb、20% Sn、60% Sb)，M_2(25% Pb、65% Sn、10% Sb)，M_3(57% Pb、20% Sn、23% Sb)，经过热分析，显微组织观察和 X 射线定性分析，尤其是后者，确定三元系 Pb – Sn – Sb 内不存在三元中间相。

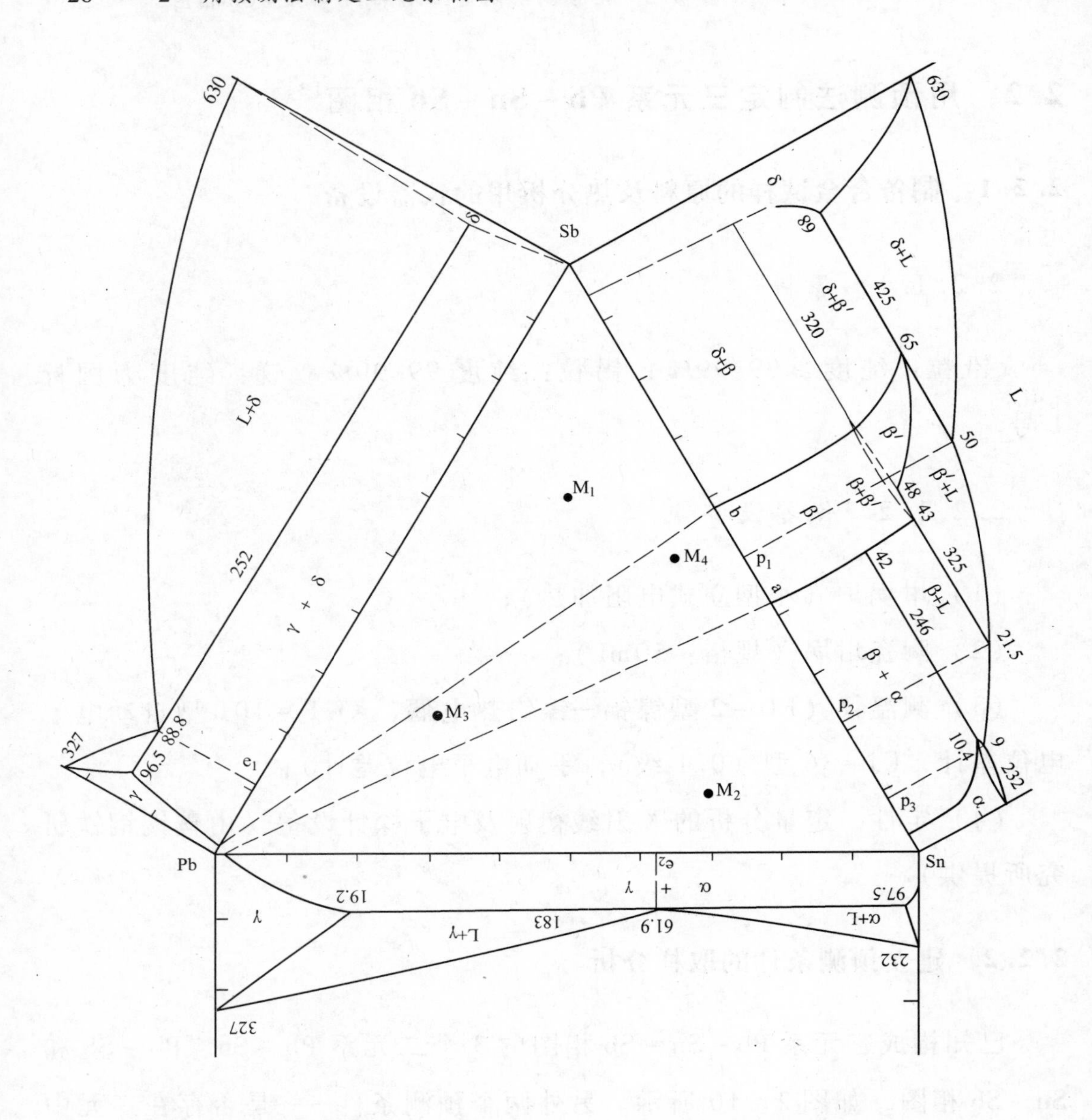

图 2－10　三元系 Pb－Sn－Sb 的 3 个二元系相图

（比例 1：1）

图 2－11a、a′，b、b′，c、c′，分别是合金试样 M_1、M_2、M_3 的冷却曲线和显微组织图。图 2－12a、b、c 分别是合金试样 M_1、M_2、M_3 的 X 射线衍射图。

从图 2－12 的 X 射线衍射图中得知，该三元系不存在三元中间相。

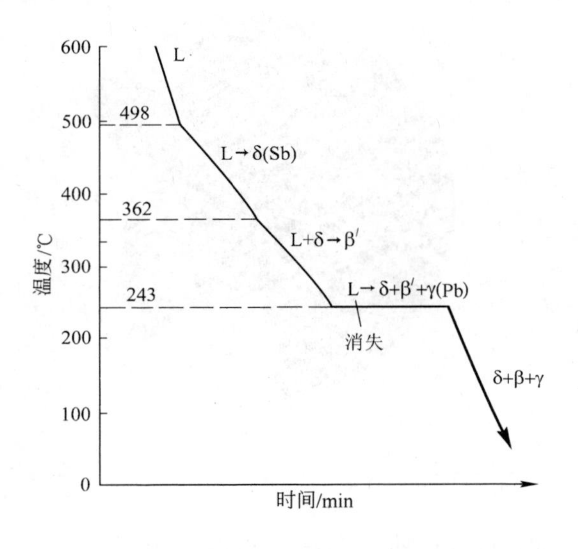
600
500
400
300
200
100
0
温度/℃
时间/min
L
498
L→δ(Sb)
362
L+δ→β′
243
L→δ+β′+γ(Pb)
消失
δ+β+γ

a

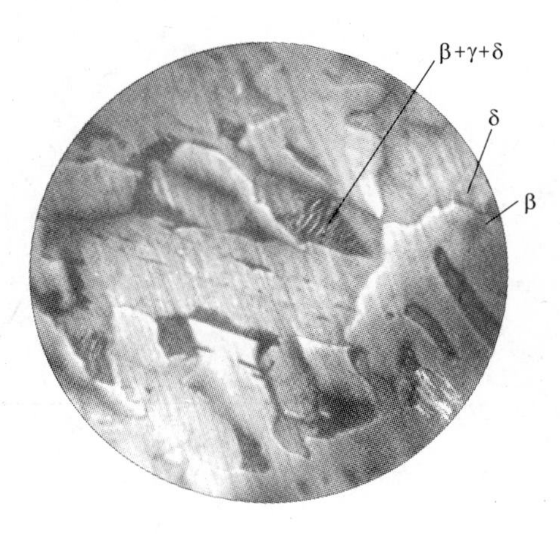
β+γ+δ
δ
β

a′

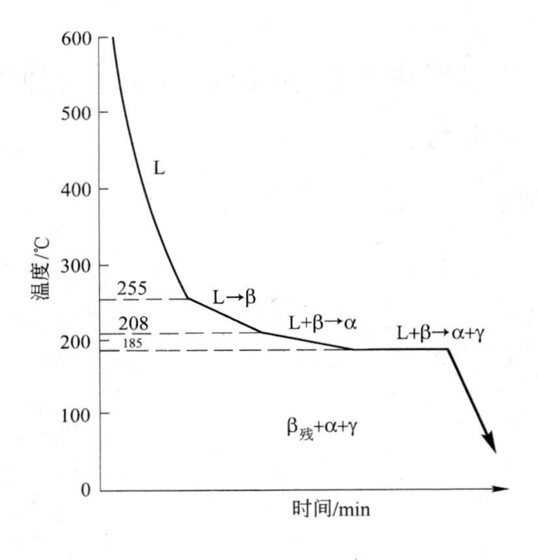
600
500
400
300
200
100
0
温度/℃
时间/min
L
255
L→β
208
185
L+β→α
L+β→α+γ
β残+α+γ

b

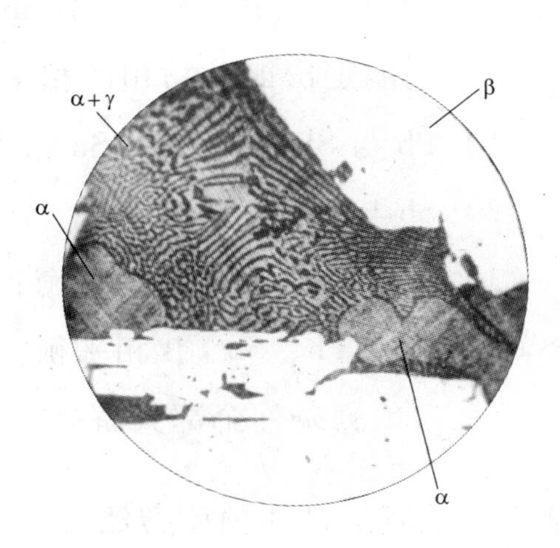
α+γ
β
α
α

b′

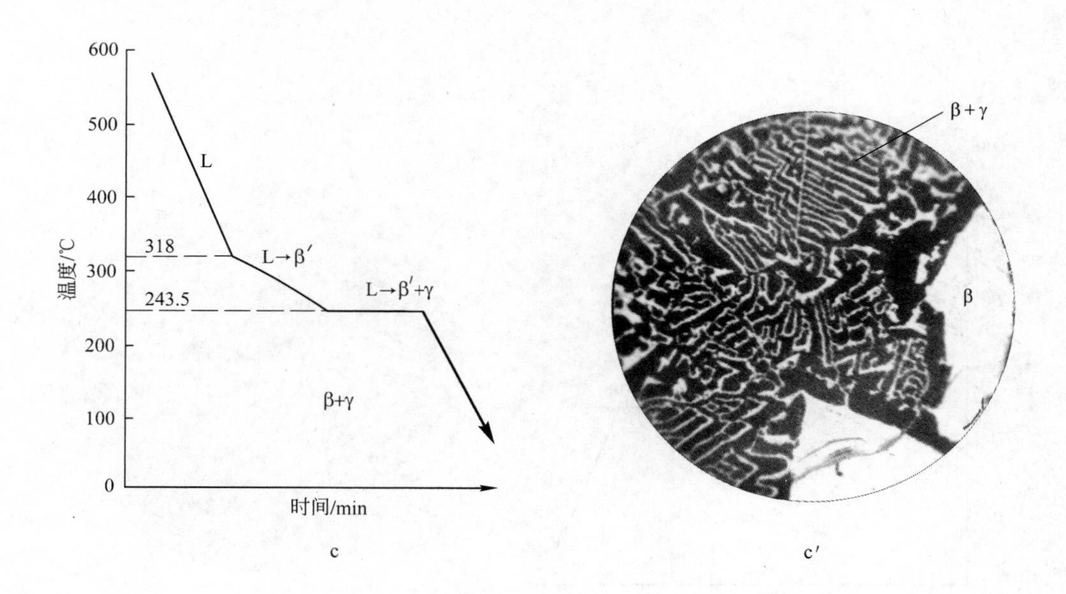

图 2-11　合金试样 M_1、M_2、M_3 的冷却曲线和缓冷显微组织图

a—M_1 的冷却曲线（比例 1∶1）；a′—M_1 的显微组织（×100）；

b—M_2 的冷却曲线（比例 1∶1）；b′—M_2 的显微组织（×100）；

c—M_3 的冷却曲线（比例 1∶1）；c′—M_3 的显微组织（×100）

只显示 γ(Pb)、α(β-Sn)、δ(Sb) 及二元中间相 β（Sb·Sn）四种物相。于是就能定出四种物相的相平衡关系为：

（1）Pb 与 Sb、β、β′、Sn 相平衡；

（2）Sb 与 Pb、β 相平衡；

（3）β 与 Pb、Sn、β′相平衡；

（4）β′与 Pb、Sb、β 相平衡。

于是，预测条件全部具备。

2.2.3　预测法则和预测方法

按物相的液相面相应边数法则，可知：

（1）组元 Pb = 3 + 4 - 1 = 6；

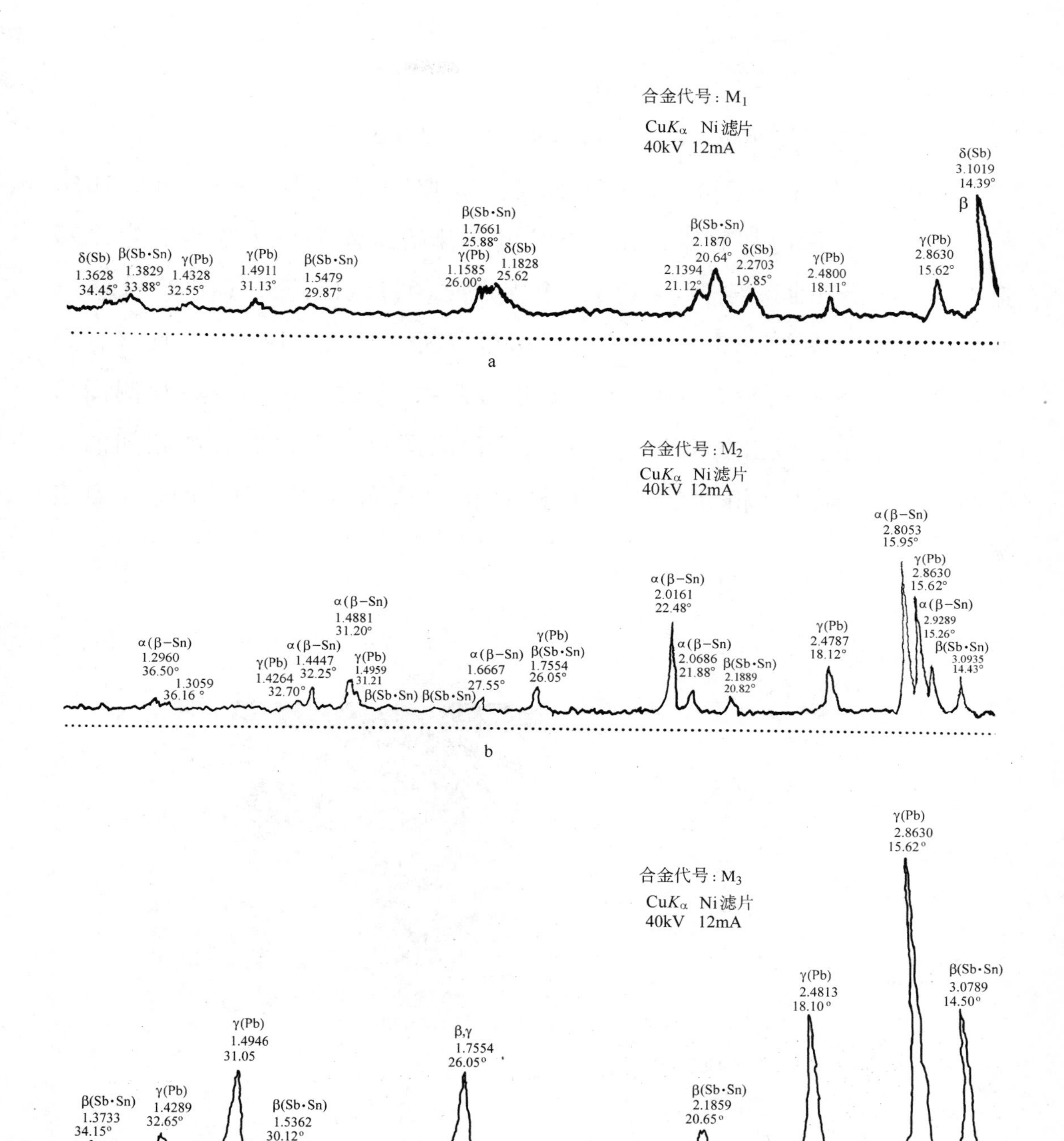

图 2－12 合金试样 M_1、M_2、M_3 的 X 射线衍射图

（比例 1：1）

（2）组元 Sb = 3 + 2 - 1 = 4；

（3）组元 Sn = 3 + 2 - 1 = 4；

（4）二元中间相 $\beta = 3 + 3 - 2 = 4$；$\beta' = 3 + 3 - 2 = 4$。

在 Pb - β′(Sb · Sn）二元系连线上选取一试样 M_4（40% Sn、10% Pb、50% Sb）做冷却曲线，在 433℃出现开始凝固第一个拐点，当冷却到 405℃在冷却曲线刚要出现第二个拐点时，将试样淬火（图 2 - 13a），做金相分析（图 2 - 13b）和 X 射线衍射分析（图 2 - 14），发现该合金中有第三种物相 δ(Sb）的结晶。按照图 1 - 5 形式法则结合将预测图形式近似化法则，做出如图 2 - 15 所示的预测图形。再根据各物相间的相平衡关系、液相面相邻法则，液相面相应边数法则，进行核对确定无误。

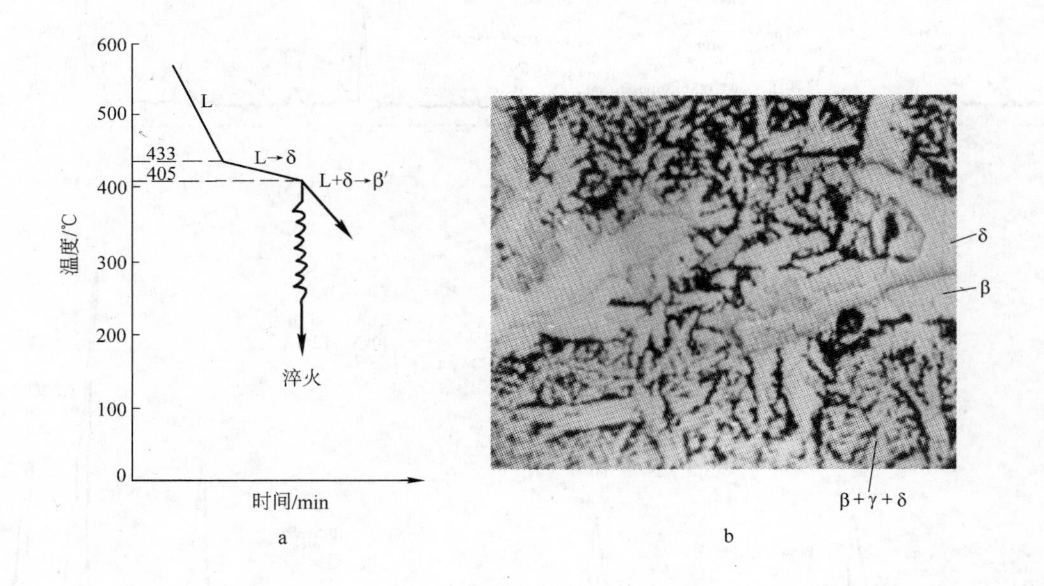

图 2 - 13　合金试样 M_4 的冷却曲线和显微组织图

（比例 1 : 1）

a—M_4 的冷却曲线在 405℃液样淬火；

b—M_4 冷却到 405℃时淬火的显微组织图

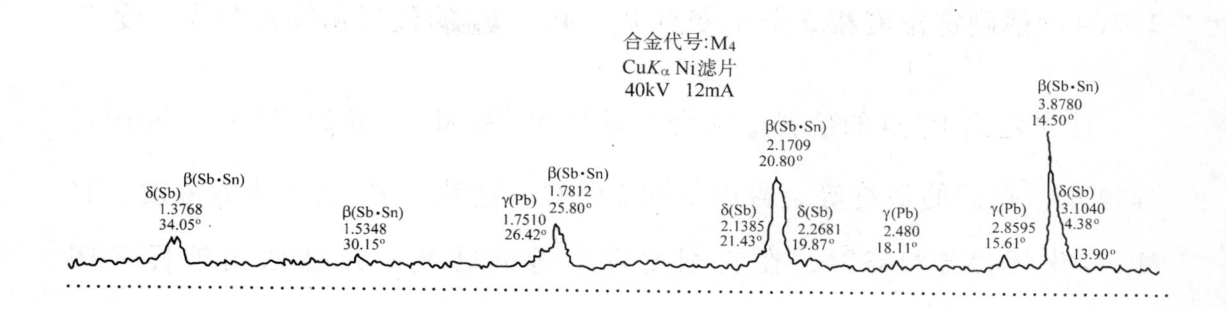

图 2 - 14 合金试样 M_4 在 405℃淬火的 X 射线衍射图

(比例 1 : 1)

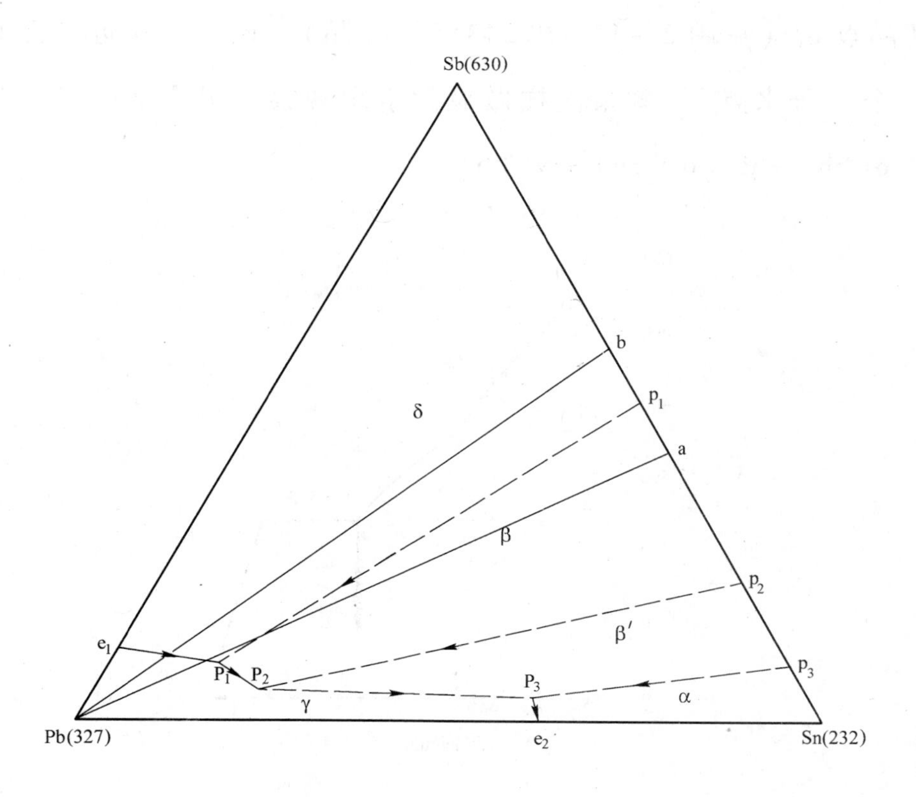

图 2 - 15 Pb - Sn - Sb 三元系预测相图

(比例 1 : 1)

2.2.4 精确定位液相3个不变点 P_1、P_2、P_3 的位置和较长曲线曲度

首先定出 P_1 点的位置。从合金试样 M_1 和 M_3（图2－11）的凝固过程得知，它们的最终等温凝固都在243℃。这就是 P_1 点液体的温度。在 M_1 熔化缓冷至243℃，在它刚要发生等温转变时迅速取出液样（图2－16）。将液样的一部分做定量分析，得出 P_1 点的成分为83% Pb、5.5% Sn、11% Sb。原来该成分点位于三角形Pb－b－Sb内（图2－10），是三元共晶点（$L_P \rightleftharpoons \gamma(Pb)+\delta(Sb)+\beta$），而不是如图2－15所示的包共晶点。由此可以断定在Pb－β二元系上距Pb较近处有一个二元共晶点 e_1（见图2－11c在243.5℃共晶），该点是靠近三元共晶点 P_1 的一个"分水点"。剩余液样做显微组织观察（见图2－17）为三元共晶物 $\delta(Sb)+\beta(Sb\cdot Sn)+\gamma(Pb)$。

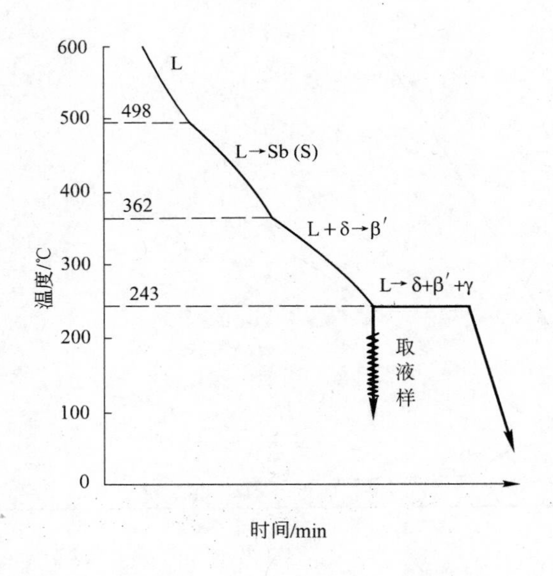

图2－16 合金试样 M_1 在243℃取液样

（比例1:1）

图 2 - 17 P_1 点成分 $\delta+\gamma+\beta$ 的显微组织图

(×400)

定位 P_2 点，选取合金试样 M_6(25% Pb、50% Sn、25% Sb)，M_7(50% Pb、30% Sn、20% Sb）和 M_8(20% Pb、60% Sn、20% Sb）做热分析，从冷却曲线上都没能测出 β' 向 β 转变的热效应，也就是说热分析法不能测出 P_2 点。合金试样 M_6、M_7、M_8 在 185℃ 取液样的冷却曲线如图 2 - 18、图 2 - 19、图 2 - 20 所示。

定位 P_3 点，将合金试样 M_6 缓冷到 185℃(P_3 点温度）刚要产生等温反应时迅速取液样，其显微组织如图 2 - 21 所示。合金试样 M_6 是二元包共晶物（$\gamma+\alpha$)，其反应形式为 $L_{P_3}+\beta=\gamma+\alpha$。$P_3$ 的成分经定量分析为 39.75% Pb，54.16% Sn，6.09% Sb。

定较长曲线曲度，$\widehat{p_1P_1}$ 线是一条较长的曲线（图 2 - 22)。在三角形 Pb - a - b 内选取合金试样 M_4，熔解后缓冷到 405℃，液相刚好达到 $\widehat{p_1P_1}$ 上的 K_1 点（参看图 2 - 13)，迅速取出液样做定量分析，其成分为

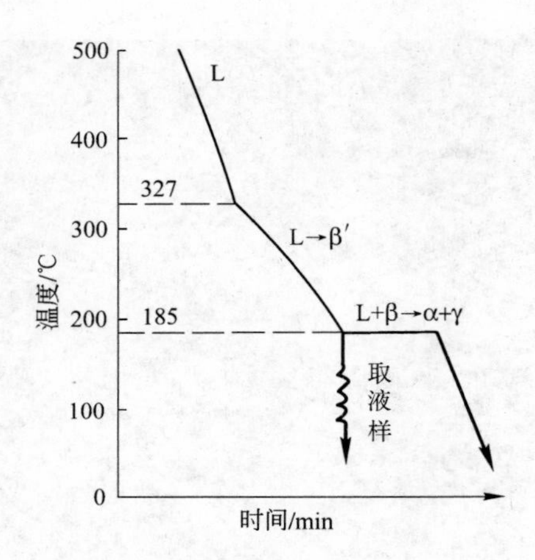

图 2－18 合金试样 M_6 的冷却曲线

（在 185℃取液样）

（比例 1∶1）

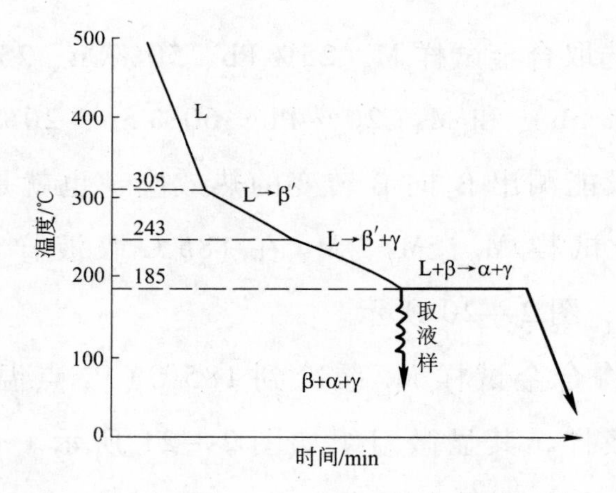

图 2－19 合金试样 M_7 的冷却曲线

（在 185℃取液样）

（比例 1∶1）

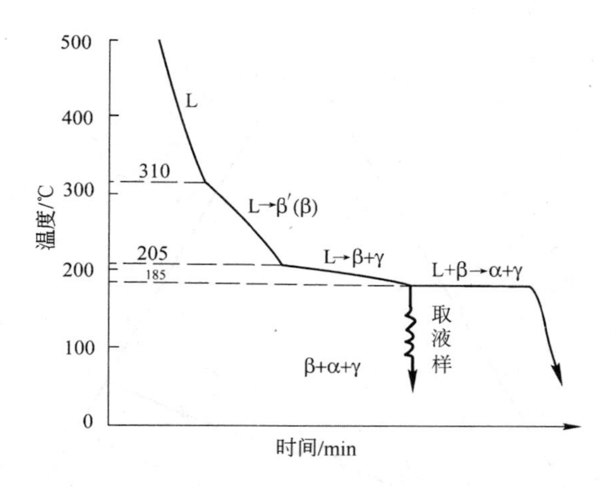

图 2－20 合金试样 M_8 的冷却曲线

（在 185℃取液样）

（比例 1：1）

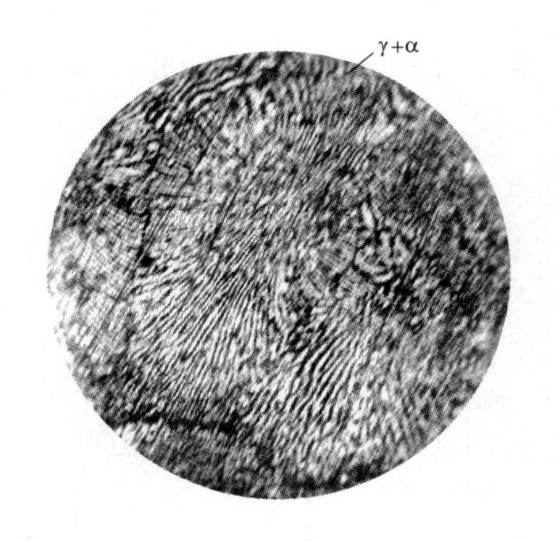

图 2－21 合金试样 M_6 在 185℃取液样的显微组织图

（×100）

11.5% Pb、43.3% Sn、45.2% Sb。再在三角形 Pb－b－Sb 中选合金试样 M_5（35% Pb、20% Sn、45% Sb），如图 2－23 所示，在 343℃取液样做定量分析，即得 K_2 点的成分（47% Pb、20% Sn、32.5% Sb）。平滑

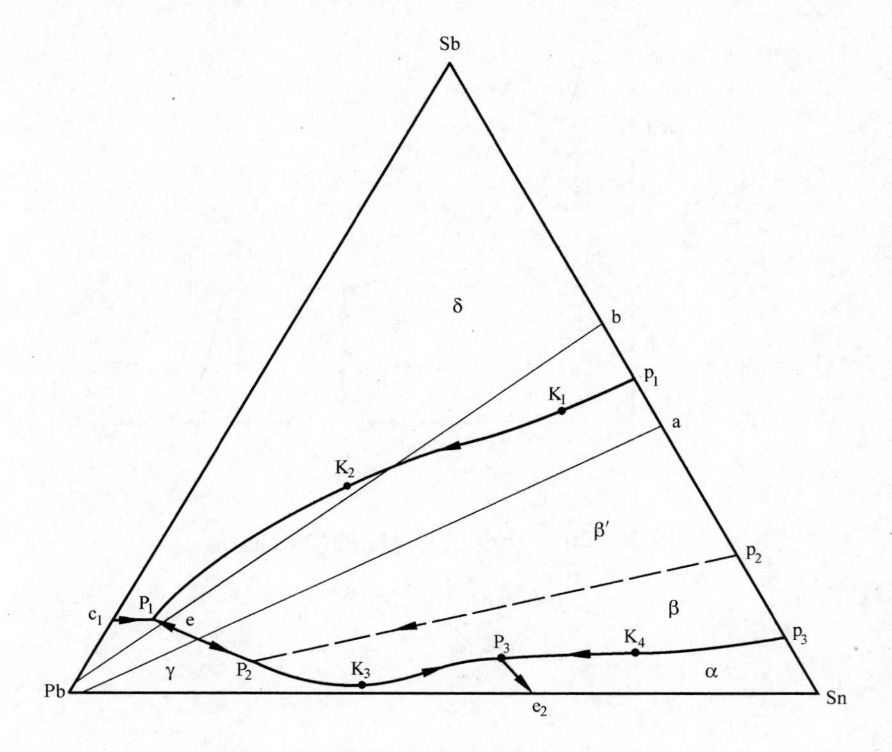

图 2－22　精确定位的 Pb－Sn－Sb

（比例 1∶1）

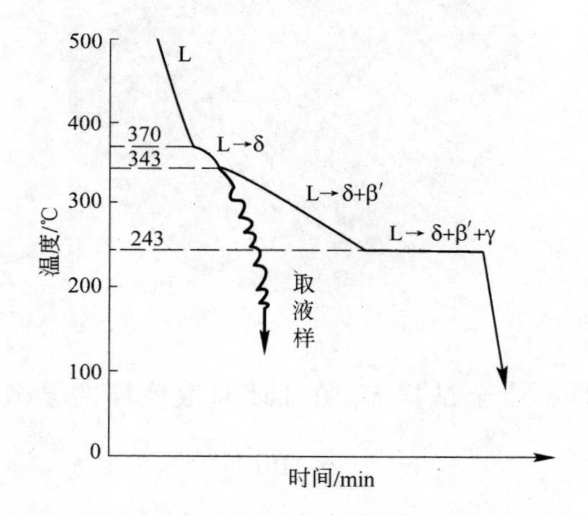

图 2－23　合金试样 M_5 的冷却曲线

（在 343℃取液样）

（比例 1∶1）

连接 p_1、K_1、K_2、P_1 四点，$\widehat{p_1P_1}$曲度即被定出。同样，在三角形 Pb－Sn－a 内选取合金试样 M_9(50% Pb、40% Sn、10% Sb)，熔后缓冷到 218℃拐点处取液样做定量分析，即得 K_3 点的成分（见图 2－24）。平滑地连接 P_1、K_3、P_3 三点，定出$\widehat{P_1P_3}$线的曲度。选取合金试样 M_{10}（15% Pb、70% Sn、15% Sb)，熔解后缓冷到 215℃取液样做定量分析，即得 K_4 点的成分（21% Pb、72% Sn、7% Sb)，如图 2－25 所示。平滑地连接 p_3、K_4、P_3 三点，定出$\widehat{p_3P_3}$线的曲度。曲线$\widehat{e_1P_1}$和$\widehat{e_2P_3}$较短，用直线相连即可。

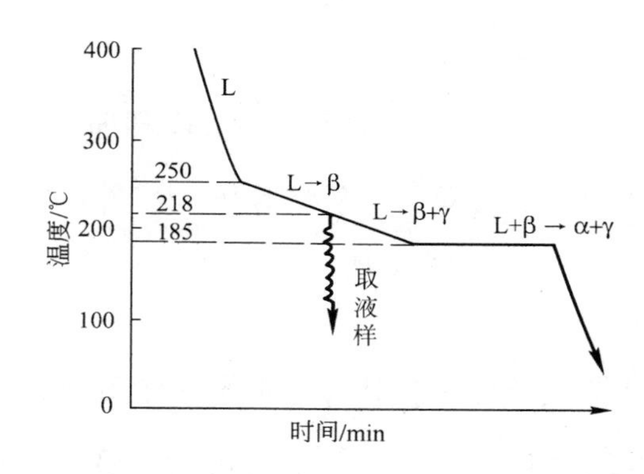

图 2－24 合金试样 M_9 的冷却曲线

（在 218℃取液样）

（比例 1：1）

三元系 Pb－Sn－Sb 相图的液⇌固转变图就此定出（见图 2－22）。

2.2.5 确定各物相固态的溶解度

欲制定从高温到低温的完善相图，还应确定 Sn(α)、β(Sb · Sn)、Sb(δ）和 Pb(γ）逐固溶体在相应温度下的溶解度。

采用电子探针对各固溶体做微区相的定量分析是比较方便的。这里 α 和 δ 两相都只有一条溶解度曲线，γ 和 β 各有两条总共 6 条（图 2－26）

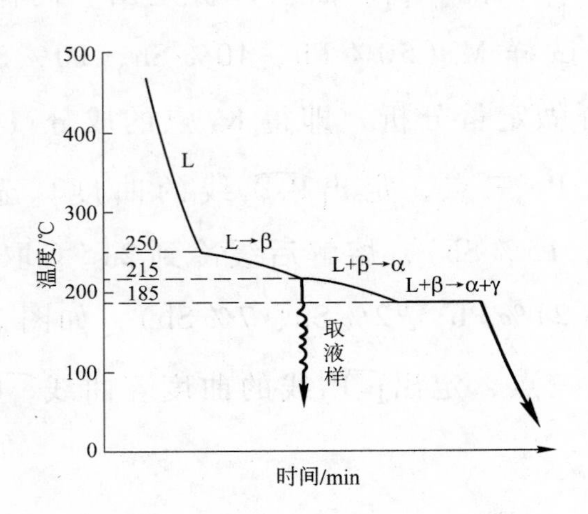

图 2－25　合金试样 M_{10} 的冷却曲线

（在 215℃ 取液样）

（比例 1∶1）

溶解曲线。

在含 Sb 较高部位选合金试样 M_1，制备两个试样。一个缓冷到 243℃ 凝固将结束时水中淬火，以保留 243℃ 时的 γ、β′和 δ 三相的溶解度值。另一个试样一直缓冷到室温，分析 γ、β、δ 三个相的低温溶解度。经定量分析后，分别将这三个相的高温（243℃）成分点和室温成分点按常见固溶体溶解度曲线形式用平滑曲线自上而下连接起来。就这样，三条溶解度曲线就定了出来。同样，在含 Sn 较高区选取合金 M_2 制备两个试样，一个缓冷到室温，一个缓冷到 185℃ 在等温转变刚结束时淬火。分别定量分析 γ、α、β 三个相在 185℃ 和室温下的溶解度，用平滑曲线上下连接起来。

图 2－26 所示是经高温和低温测定后的 6 条溶解度曲线俯视图。自高温到低温，γ 相的溶解度沿 $\widehat{gf}$、$\widehat{pq}$ 线变化；α 相沿 $\widehat{hi}$ 线变化；β 相沿 $\widehat{jk}$、$\widehat{lm}$ 线变化；δ 沿 $\widehat{no}$ 线变化。图 2－26 下方列出了这 6 条曲线 12 个端点的成分位置。

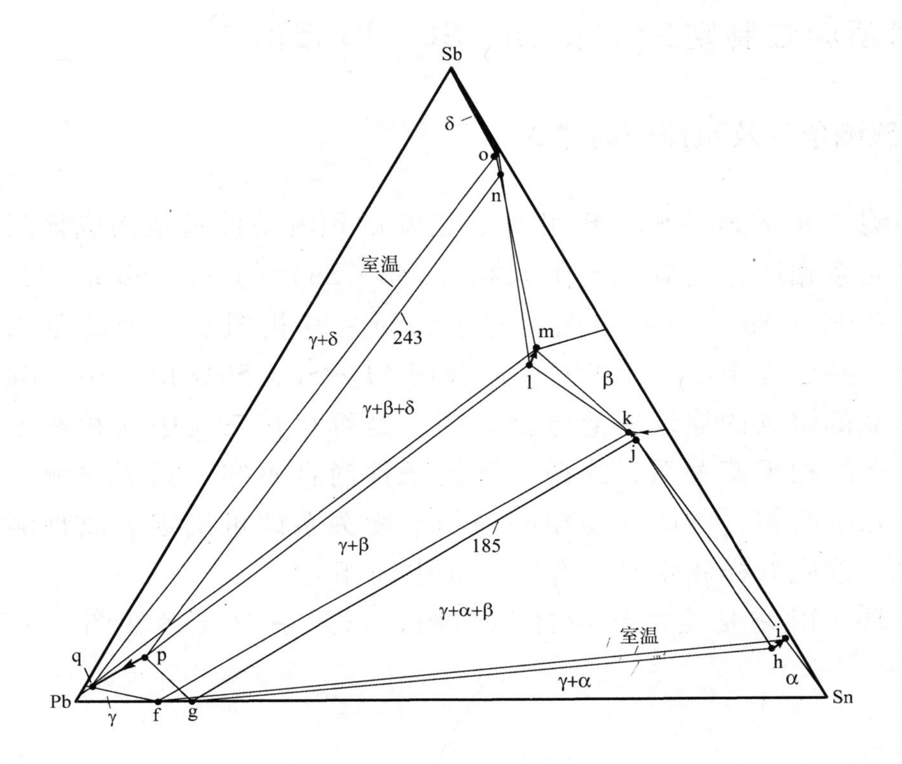

化学成分 w/%	243℃			183℃			室 温					
	n	l	p	h	g	j	o	m	q	f	k	i
Pb	1.4	13.2	87.5	3.0	84.6	6.0	0.3	11.0	97.0	89.0	5.2	1.4
Sn	15.2	33.5	4.9	88.7	15.4	52.3	13.3	33.4	0.7	11.0	53.5	89.9
Sb	83.4	53.3	7.6	8.3	0	41.7	86.4	55.6	2.3	0	41.3	8.7

图 2－26 Pb－Sn－Sb 三元系各物相固态溶解度

（比例 1：1）

2.3　用预测法制定三元系 Sn－Sb－Bi 相图[4]

2.3.1　预测条件及预测图的建立

对预测三元系 Sn－Sb－Bi 相图，已知的预测条件只是构成该三元系的 3 个二元系相图。具有二元中间相 β（Sb·Sn）的 Sn－Sb 系，其形式前边已经在 Pb－Sn－Sb 系中图示出来。Sn－Bi 相图是一个简单二元共晶型相图。共晶点温度为 139℃，成分约 41%Sn，59%Bi。Sb－Bi 相图是一个无最低熔点的连续固溶体型相图。是否存在三元中间相和各两两物相间存在的相平衡关系，这两个预测条件尚且不知。只要先测定出是否存在三元中间相，各两两物相间的相平衡关系即可确定。故预测该三元系相图，首先取样测定是否存在三元中间相。

由于 Sb－Bi 系是连续固溶体型相图，三元系中（参看图 2－27），

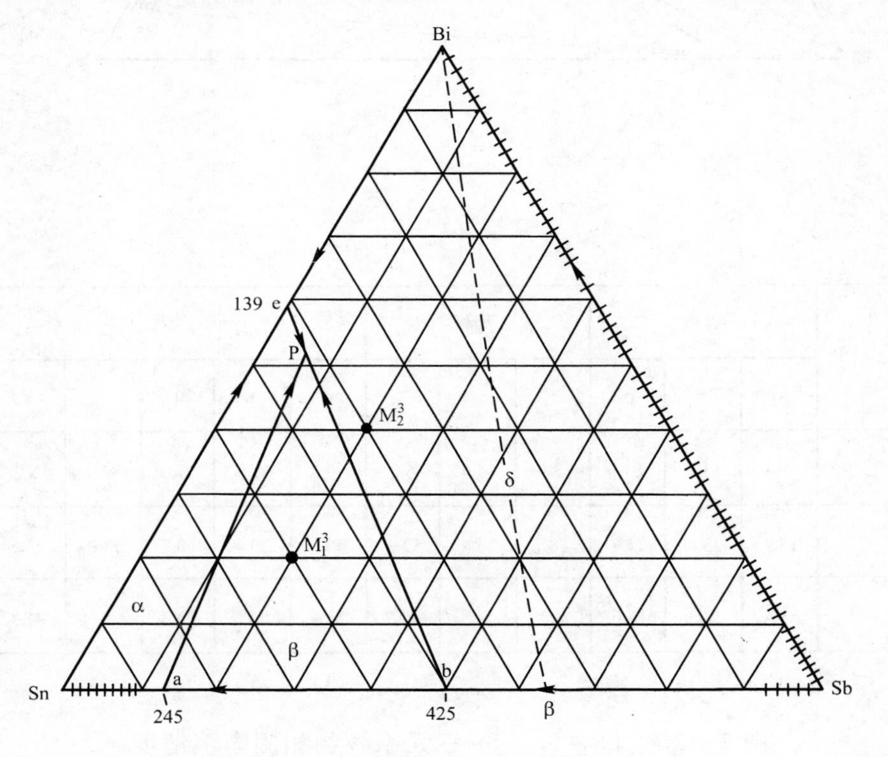

图 2－27　三元系 Sn－Sb－Bi 的预测图

（比例 1∶1）

在以 Sb－Bi 线为边的连线三角形 β－Sb－Bi 内不可能存在三元中间相。至于在连线三角形 β－Sn－Bi 中，我们可选一试样 M_1^3（60% Sn，20% Sb，20% Bi）熔后缓冷，做 X 射线定性图（图 2－28）。从图 2－28 中可知，衍射图内不存在三元中间相。于是三元系 Sn－Sb－Bi 中不存在三元中间相这一预测条件确立后，首先是 3 个二元系上的 4 种物相 Sn、Sb、Bi、β，它们中间的相平衡关系即可确定出来。即 Sn(α) 和 Sb(δ) 二者被中间相 β(Sb · Sn) 所间隔不存在相平衡关系。但 Sn 与 Bi(δ) 确实存在相平衡关系，而 Sb－Bi 系是连续固溶体 δ。于是该三元系内只有三种不同的物相 α(Sn)、β(Sb · Sn)、δ(Sb－Bi)，而且这三种物相都彼此相平衡。根据以上所述，满足了预测条件。然后按预测法则做成预测相图（见图 2－27）。表 2－3 列出了三元系 Sn－Sb－Bi 相图的预测条件和预测法则。

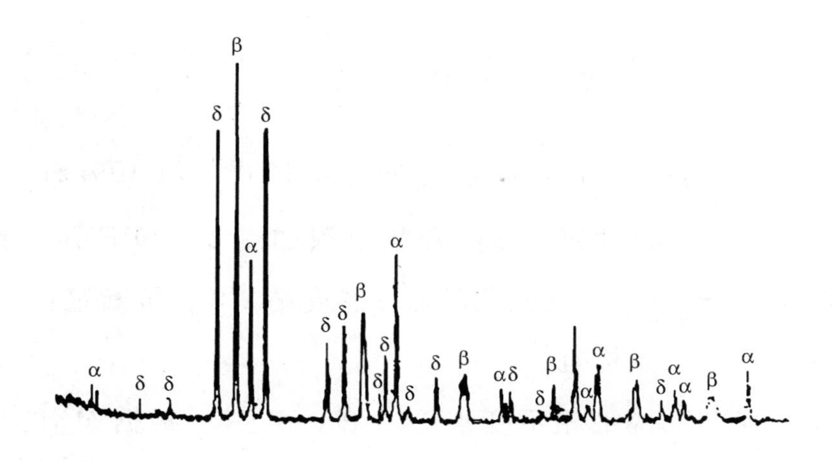

图 2－28 合金试样 M_1^3 的 X 射线衍射图

（比例 1 : 1）

表 2-3 三元系 Sn-Sb-Bi 相图的预测条件和预测法则

预测条件	预测法则
(1) 3 个二元系 Sn-Sb、Sb-Bi、Sn-Bi 的相图已知	(1) 三物相 α、β、δ 的初晶液相面都彼此相邻
(2) 不存在三元中间相	(2) 各物相液相面相应边数： α①：3+3-1-(2-1)=4 β①：3+3-2-(2-1)=3 δ：3+3-1=5
(3) 三种物相 α、β、δ 彼此都存在相平衡关系	(3) 从二元系上的液相不变点向三元系成分三角形内引线建点。按 (1)、(2) 项法则，三条引线交于 P 点
	(4) 对比三条线源发点温度定 P 点近似位置

① 与 α 和 β 相平衡的 δ 是 Sb-Bi 无最低熔点的连续固溶体，故定 α 和 β 液相面边数的公式都有 (2-1)。

2.3.2 将预测图变为真实图

2.3.2.1 定位液相不变点 P

选取离预测的相图中 P 点较近的合金试样 M_2^3(40% Sn，20% Sb，40% Bi)，它的冷却曲线和缓冷的金相组织如图 2-29 所示。由于 P 点温度为 141℃，比 Sn-Bi 二元共晶点 e 温度高 2℃，可断定：

(1) P 点距离 e 点极近；

(2) P 点是包共晶液相不变点 $L_P + \beta \rightleftharpoons \alpha + \delta$。根据 M_2^3 的成分位置和凝固过程的几何法则，M_2^3 冷却到 141℃ 经过等温凝固 L_P 相消失，尚有不少残余 β 存在。

将 M_2^3 试样再次熔化缓冷到 141℃，在其刚要等温凝固时，迅速取出

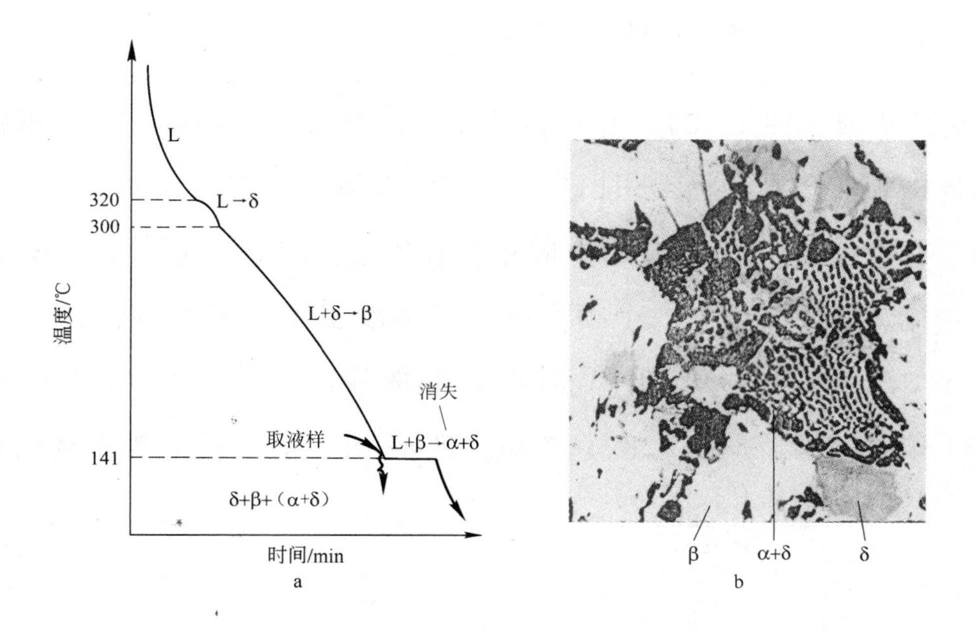

图 2-29 合金试样 M_2^3 的冷却曲线和缓冷显微组织图

a—M_2^3 的冷却曲线（比例 1：1）；b—M_2^3 的缓冷显微组织图

液相。经过液相定量分析，P 点成分为 36.9% Sn，1.2% Sb，61.9% Bi。其金相组织全为 α+δ 的包共晶物（见图 2-30）。

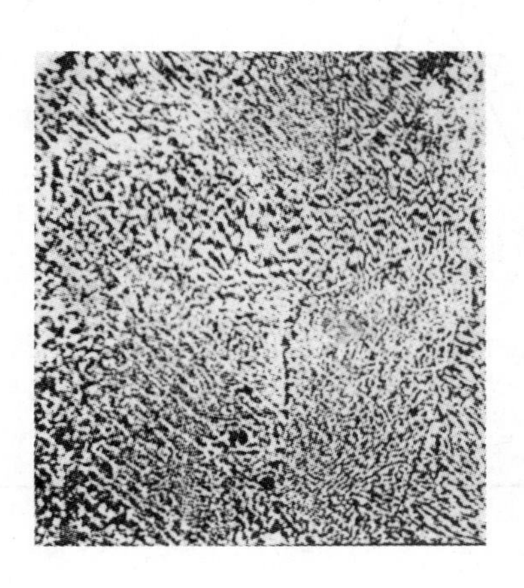

图 2-30 P 点液相凝固的包共晶物(α+δ)

(×80)

2.3.2.2 精确定位曲线曲度

从预测图（图2－27）中明确看出，$\widehat{aP}$和$\widehat{bP}$两条曲线较长。根据合金凝固的几何法则，仍选用图中 M_1^3 试样来确定$\widehat{aP}$的曲度。如图2－31所示，合金试样 M_1^3 在凝固时，液相在β的液相面上，向$\widehat{aP}$线的 K_1 点变化。当冷却曲线出现第二个拐点时，就是液相达到了 K_1 点。如图2－32a所示，第二拐点在200℃时迅速取液样，定量分析 K_1 的成分为66.24% Sn，5.41% Sb，28.36% Bi。将a、K_1、P三点平滑连接成$\widehat{aK_1P}$

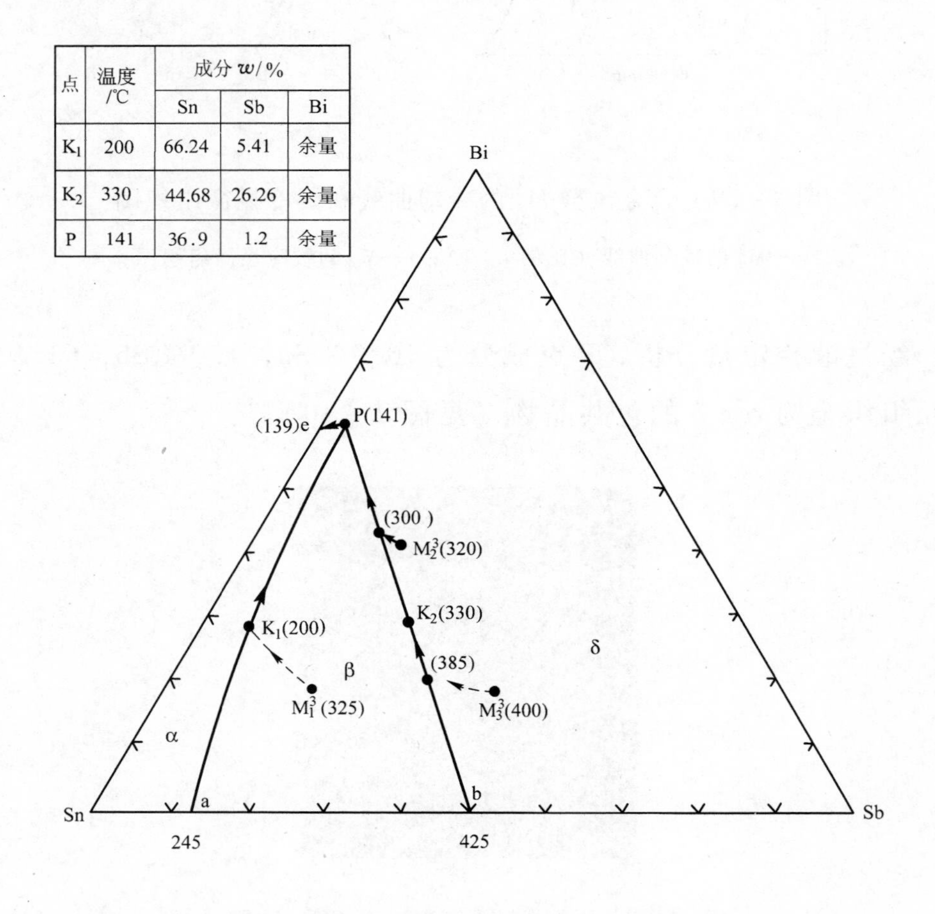

点	温度/℃	成分 w/%		
		Sn	Sb	Bi
K_1	200	66.24	5.41	余量
K_2	330	44.68	26.26	余量
P	141	36.9	1.2	余量

图2－31 精确定位的Sn－Sb－Bi真实相图

（比例1：1）

线，而确定了该线的曲度。M_1^3 的缓冷显微组织图如图 2－32b所示。

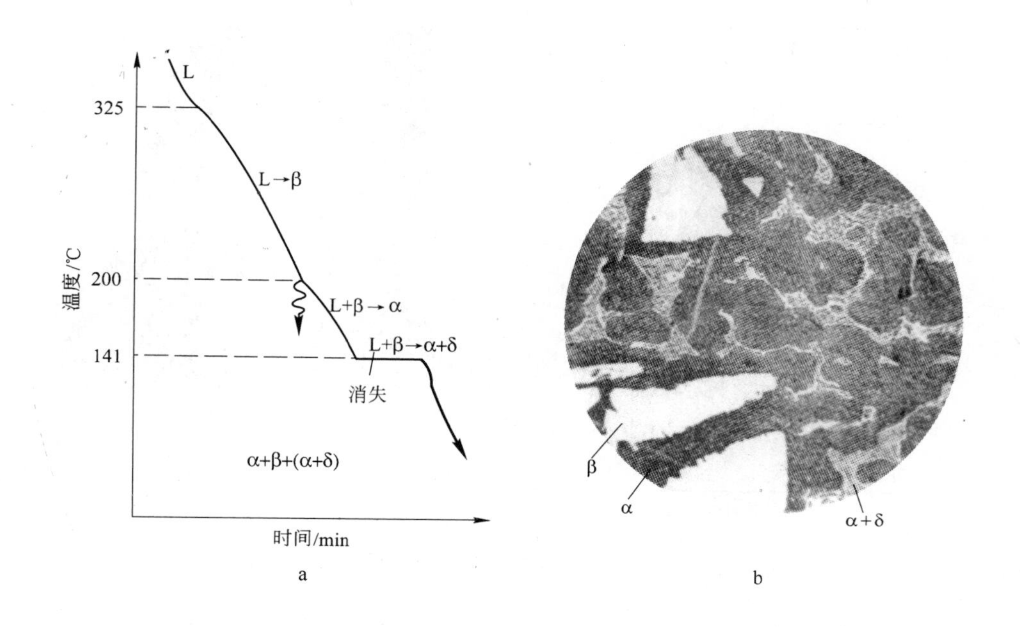

图 2－32 合金试样 M_1^3 的冷却曲线和缓冷显微组织图

a—M_1^3 冷却曲线（比例 1：1）；b—M_1^3 缓冷显微组织图（×60）

再选合金试样 M_3^3（40% Sn、40% Sb、20% Bi）定$\widehat{bP}$线曲度。从冷却曲线上控制（见图 2－33），发现在第二个拐点的温度较高（385℃）。该点虽在$\widehat{bP}$线上，但不是位于$\widehat{bP}$线中间部位（因为 b（425℃）、P（141℃），而 385℃ 是靠近 b 点的）。于是不在 385℃ 取液样，让它继续冷却到 330℃（K_2）取液样。因为 K_2 点接近$\widehat{bP}$线的中间部位。K_2 的成分为 44.68% Sn、26.26% Sb、29.1% Bi。平滑地连接$\widehat{bK_2P}$线，从而定出其曲度。至于曲线$\widehat{eP}$，因尺寸太短，固直线相连没有定曲度的必要。于是真实相图完成。

三元系 Sn－Sb－Bi 相图，从建立预测条件到精确定位成真实相图，一共只用了 3 个试样（当然也有的一试样是多用的）。

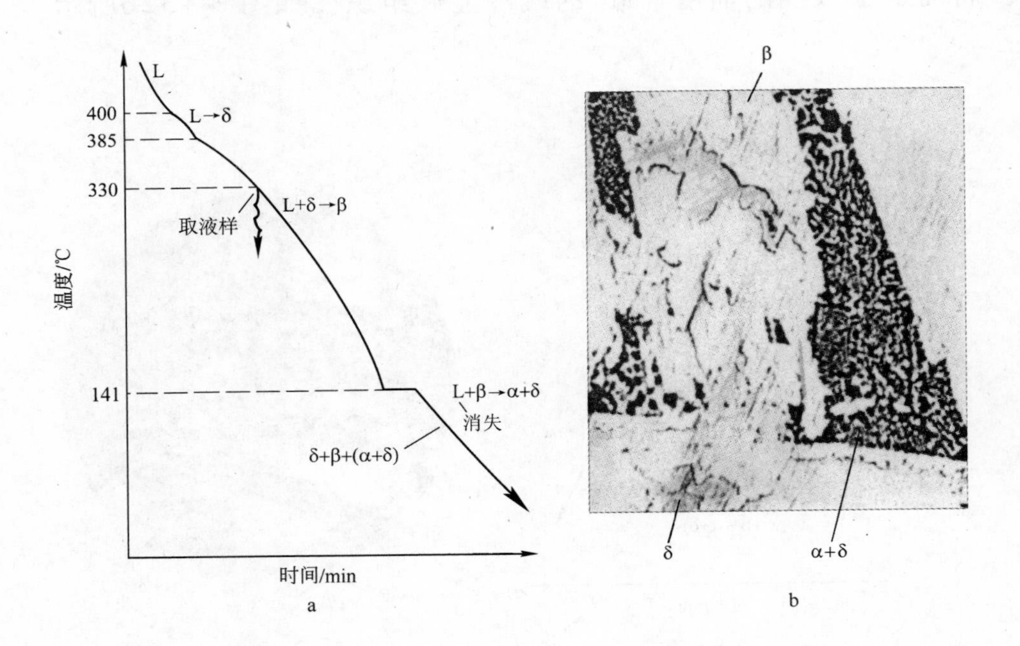

图 2－33　合金试样 M_3^3 的冷却曲线和缓冷显微组织图

a—M_3^3 的冷却曲线（比例 1∶1）；b—M_3^3 缓冷显微组织图（×60）

3 用预测法制定四元系相图

3.1 举例四元系 $CaO-MgO-Al_2O_3-SiO_2$ 相图的预测[5]

3.1.1 预测条件及对预测图的分析

图 3-1 所示是构成四元系 $CaO-MgO-Al_2O_3-SiO_2$ 相图的 4 个三元系 $CaO-MgO-Al_2O_3$、$CaO-MgO-SiO_2$、$MgO-Al_2O_3-SiO_2$、$CaO-Al_2O_3-SiO_2$ 相图[6,7]。这里要说明一点的是，在文献［6］的 Fig. 596 中二元系 $CaO-Al_2O_3$ 只有 4 个中间相。但在 Fig. 630 中，该二元系有 5 个中间相（增多一个 CA_6）。又参考文献［7］，这里在 $CaO-Al_2O_3$ 中按有 5 个中间相来预测。

通过研究该四元系中的大量三元剖面图，确认不存在四元中间相。

该四元系共计有 25 种物相——4 个组元、13 个二元中间相、8 个三元中间相。分析文献资料［6，7］后，确定了 25 种物相间的相平衡关系（见图 3-2）。

满足预测条件后，按照预测法则，四元系 $CaO-MgO-Al_2O_3-SiO_2$ 的预测图如图 3-3 所示。该图内共有 40 个液相不变点（包括成连续固溶体关系的四相平衡不变点），如图 3-4 所示。

四元系 $CaO-MgO-Al_2O_3-SiO_2$ 预测图内各不变点的性质、大致的成分和温度范围见表 3-1。图 3-3 只待精确定位后即告制成。

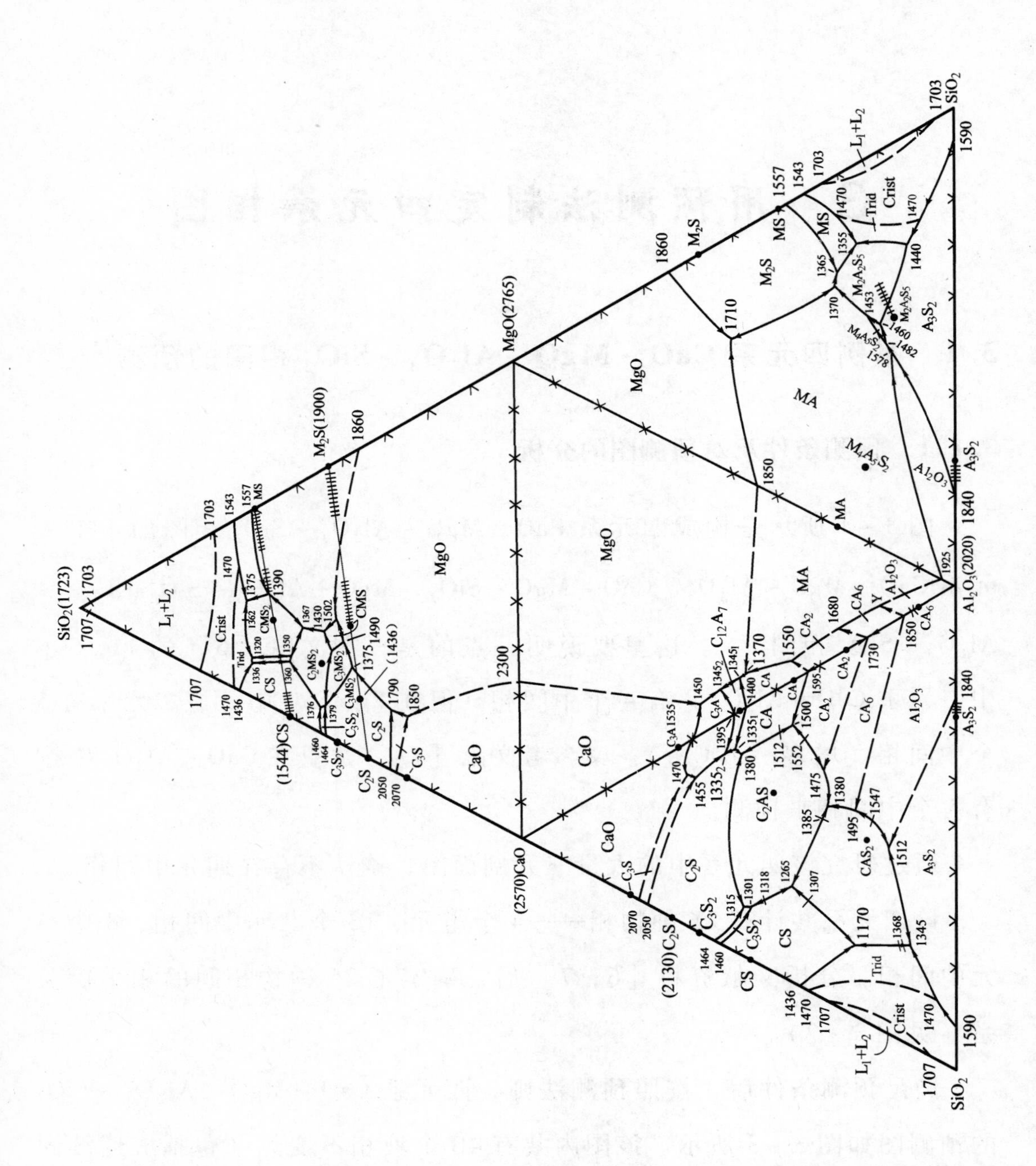

图 3－1　构成四元系 $CaO - MgO - Al_2O_3 - SiO_2$ 相图的 4 个三元系

（$CaO - MgO - Al_2O_3$；$CaO - MgO - SiO_2$；$MgO - Al_2O_3 - SiO_2$；$CaO - Al_2O_3 - SiO_2$）

（比例 1：0.24）

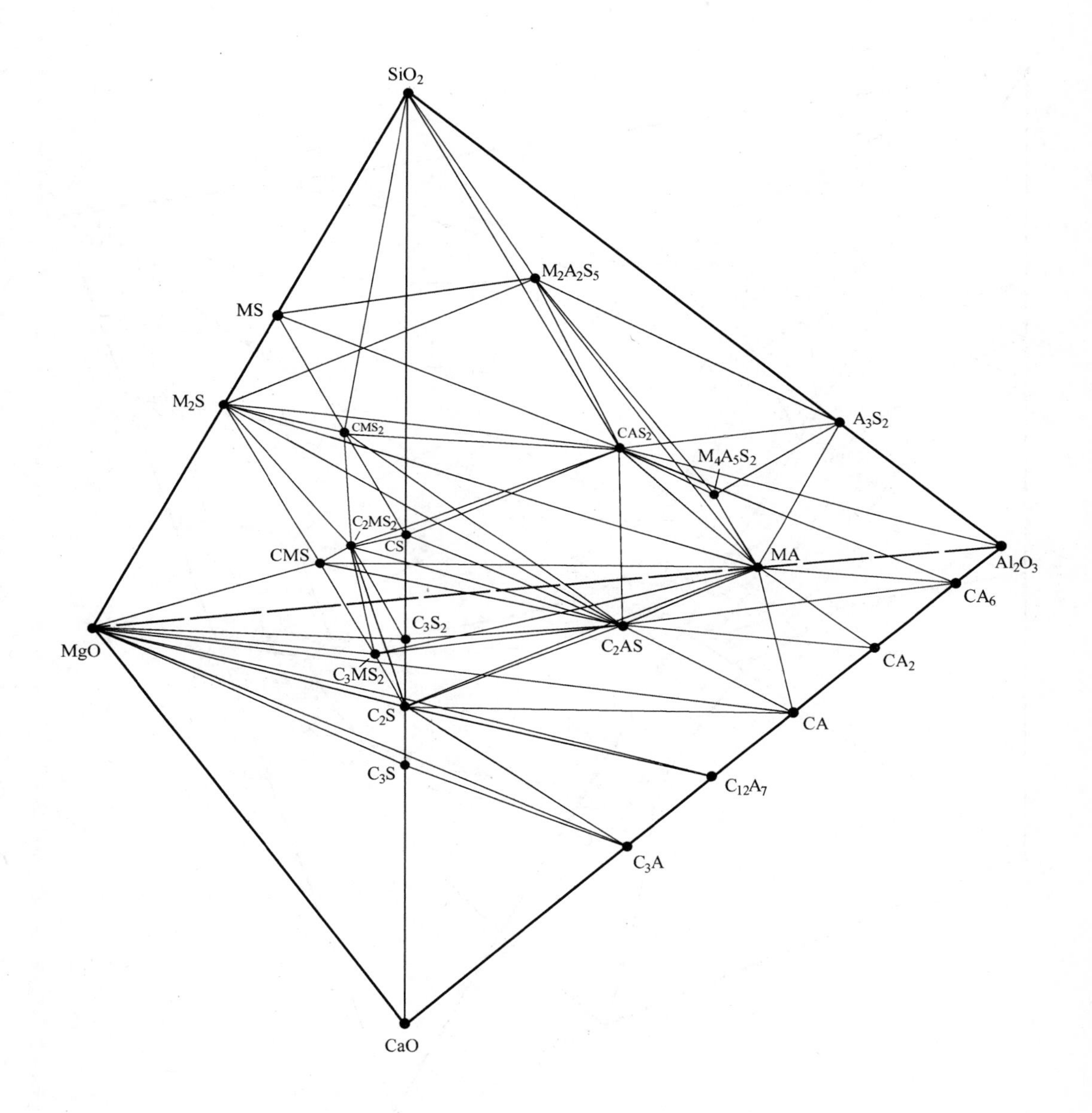

图 3-2 四元系 CaO - MgO - Al_2O_3 - SiO_2 中各物相间的相平衡关系

（比例 1：0.73）

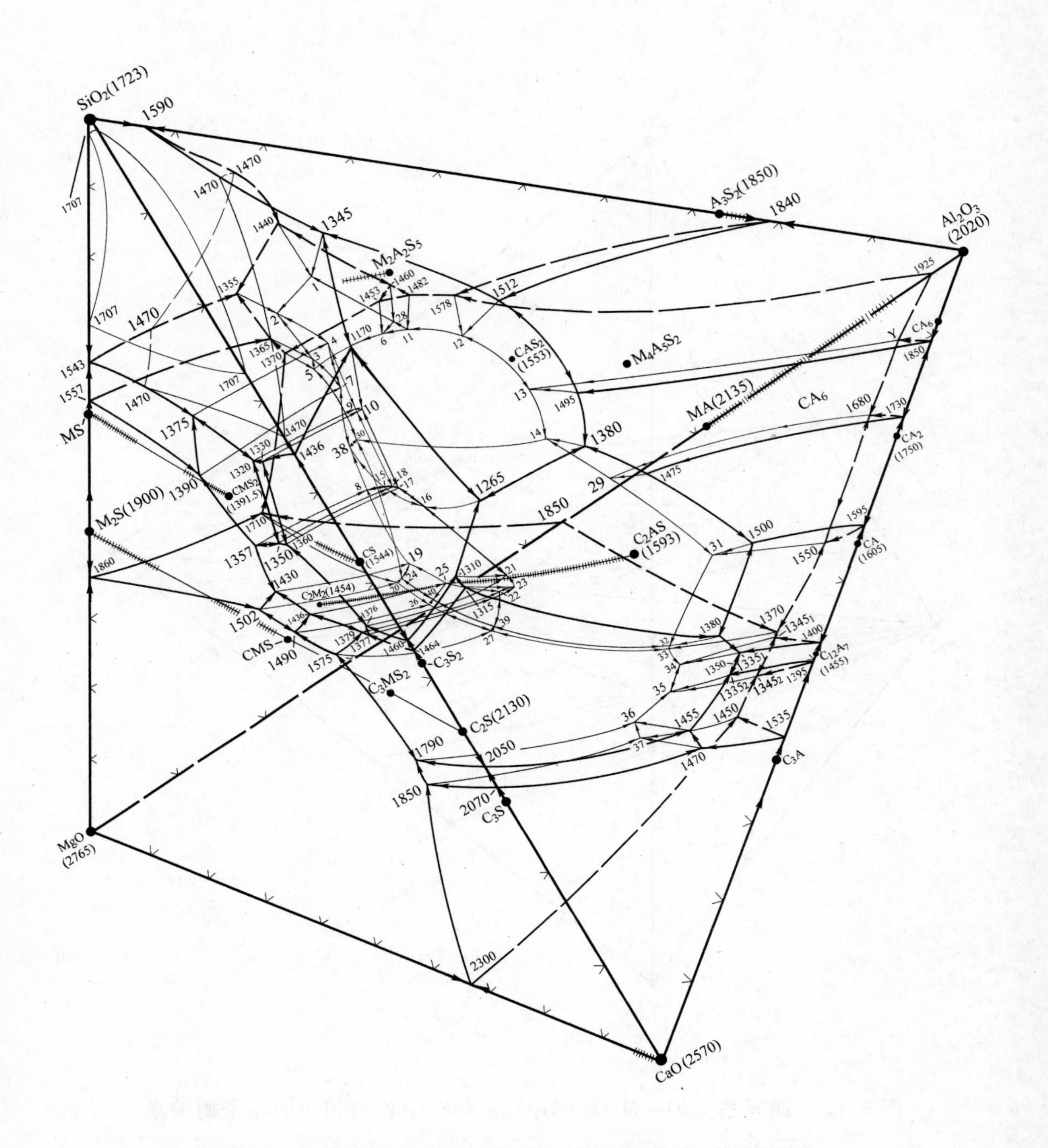

图 3－3 四元系 CaO－MgO－Al_2O_3－SiO_2 的预测图

（比例 1：0.48）

表 3-1 $CaO - MgO - Al_2O_3 - SiO_2$ 预测图内各不变点的性质、大致的成分和温度

不变点	反应形式	组成成分（质量分数）/%				温度/℃
		CaO	MgO	Al_2O_3	SiO_2	
1	$L + A_3S_2 \rightleftharpoons M_2A_2S_5 + CAS_2 + SiO_2$	9 ~ 11	6 ~ 8	20 ~ 22	61 ~ 63	1300②
2	$L \rightleftharpoons M_2A_2S_5 + SiO_2 + MS + CAS_2$	6 ~ 8	13 ~ 15	17 ~ 19	60 ~ 62	1200②
3	$L \rightleftharpoons M_2S + MS + CAS_2 + M_2A_2S_5$	8 ~ 10	16 ~ 18	19 ~ 21	53 ~ 55	1240②
4	$L \rightleftharpoons SiO_2 + MS + CAS_2 + CMS_2$	12 ~ 14	10 ~ 12	18 ~ 20	56 ~ 58	1170②
5	$L + MA \rightleftharpoons CAS_2 + M_2A_2S_5 + M_2S$	9 ~ 11	17 ~ 19	20 ~ 22	50 ~ 52	1300②
6	$L + M_4A_5S_2 \rightleftharpoons MA + CAS_2 + M_2A_2S_5$	10 ~ 12	9 ~ 11	25 ~ 27	52 ~ 54	1300 ~ 1400
7	$L \rightleftharpoons M_2S + CMS_2 + MS + CAS_2$	14 ~ 16	12 ~ 14	18 ~ 20	52 ~ 54	1200②
8	$L + Mel \rightleftharpoons M_2S + CMS_2 + Mel$（Mel 相左 C_2MS_2 为主 右 C_2AS 为主）	27 ~ 29	13 ~ 15	11 ~ 13	45 ~ 47	1250 ~ 1257②
9	$L \rightleftharpoons SiO_2 + \beta - CS + CMS_2 + CAS_2$	22 ~ 24	6 ~ 8	15 ~ 17	53 ~ 55	1135②
10	$L + \alpha - CS \rightleftharpoons \beta - CS + SiO_2 + CAS_2$	22 ~ 24	5 ~ 7	16 ~ 18	53 ~ 55	1150②
11	$L + A_3S_2 + MA \rightleftharpoons CAS_2 + M_4A_5S_2$	11 ~ 13	7 ~ 9	29 ~ 31	49 - 51	1350
12	$L + Al_2O_3 \rightleftharpoons MA + CAS_2 + A_3S_2$	12 ~ 14	6 ~ 8	32 ~ 34	46 ~ 48	1475②
13	$L + Al_2O_3 \rightleftharpoons MA + CA_6 + CAS_2$	19 ~ 21	5 ~ 7	36 ~ 38	36 ~ 38	1350 ~ 1400
14	$L + CA_6 \rightleftharpoons MA + CAS_2 + Mel$	24 ~ 26	4 ~ 6	35 ~ 37	33 ~ 35	1250 ~ 1350
15①	$L \rightleftharpoons CMS_2 + CAS_2 + Mel$	29 ~ 31	9 ~ 11	12 ~ 14	46 ~ 48	1210 ~ 1225②
16①	$L \rightleftharpoons \alpha - CS + CAS_2 + Mel$	32 ~ 34	6 ~ 8	15 ~ 17	43 ~ 45	1220 ~ 1266②
17	$L + \alpha - CS \rightleftharpoons \beta - CS + CAS_2 + Mel$	30 ~ 32	7 ~ 9	14 ~ 16	45 ~ 47	1230②
18	$L \rightleftharpoons \beta - CS + CAS_2 + CMS_2 + Mel$	30 ~ 32	8 ~ 10	13 ~ 15	45 ~ 47	1210 ~ 1220②
19①	$L + CMS \rightleftharpoons M_2S + Mel$	36 ~ 38	10 ~ 12	11 ~ 13	39 ~ 41	1200 ~ 1400

续表 3－1

不变点	反应形式	组成成分（质量分数）/%				温度/℃
		CaO	MgO	Al_2O_3	SiO_2	
20	$L + MgO + M_2S \rightleftharpoons MA + CMS$	38～40	11～13	8～10	39～41	1400～1425②
21①	$L \rightleftharpoons \alpha-CS + C_3S_2 + Mel$	40～42	6～8	19～21	31～33	1200～1300
22①	$L + C_3MS_2 \rightleftharpoons \beta-C_2S + Mel$	41～43	6～8	18～20	31～33	1200～1300
23①	$L + \beta-C_2S \rightleftharpoons C_3S_2 + Mel$	42～44	5～7	19～21	30～32	1200～1300
24	$L \rightleftharpoons M_2S + CMS + MA + Mel$	37～39	11～13	9～11	39～41	1380②
25①	$L + C_3MS_2 \rightleftharpoons CMS + Mel$	40～42	7～9	12～14	37～39	1250～1400
26	$L + MgO \rightleftharpoons CMS + C_3MS_2 + MA$	42～44	10～12	9～11	36～38	1400～1410②
27	$L + MgO \rightleftharpoons C_3MS_2 + MA + \beta-C_2S$	47～49	6～8	13～15	30～32	1410②
28	$L + M_4A_5S_2 + A_3S_2 \rightleftharpoons CAS_2 + M_2A_2S_5$	10～12	7～9	27～29	52～54	1300～1400
29	$L + CA_2 \rightleftharpoons C_2AS + CA_6 + MA$	27～29	3～5	41～43	25～27	1300～1450
30	$L \rightleftharpoons MA + CAS_2 + M_2S + Mel$	11～13	24～26	21～23	40～42	1230②
31	$L + CA_2 \rightleftharpoons MA + CA + C_2AS$	35～37	3～5	49～51	9～11	1475②
32	$L + C_2AS \rightleftharpoons CA + \beta-C_2S + MA$	45～47	5～7	39～41	7～9	1350②
33	$L + MA \rightleftharpoons CA + \beta-C_2S + MgO$	46～48	5～7	38～40	7～9	1390②
34	$L \rightleftharpoons MgO + \beta-C_2S + CA + C_{12}A_7$	47～49	4～6	38～40	7～9	1300②
35	$L \rightleftharpoons MgO + \beta-C_2S + C_3A + C_{12}A_7$	50～52	5～7	35～37	6～8	1295②
36	$L + C_3S \rightleftharpoons \beta-C_2S + C_3A + MgO$	53～55	5～7	25～27	13～15	1380②
37	$L + CaO \rightleftharpoons MgO + C_3S + C_3A$	56～58	5～7	24～26	11～13	1395②
38	$L \rightleftharpoons CMS_2 + M_2S + CAS_2 + Mel$	22～24	11～13	13～15	50～52	1225②
39	$L + C_3MS_2 \rightleftharpoons \beta-C_2S + MA + Mel$	47～49	5～7	14～16	30～32	1390②
40	$L \rightleftharpoons C_3MS_2 + MA + CMS + Mel$	41～43	10～12	10～12	36～38	1380②

注：$Mel = C_2AS - C_2MS_2$ SS（二元连续固溶体）。

① 四相平衡的液相不变点。

② 已知的温度值[5]。

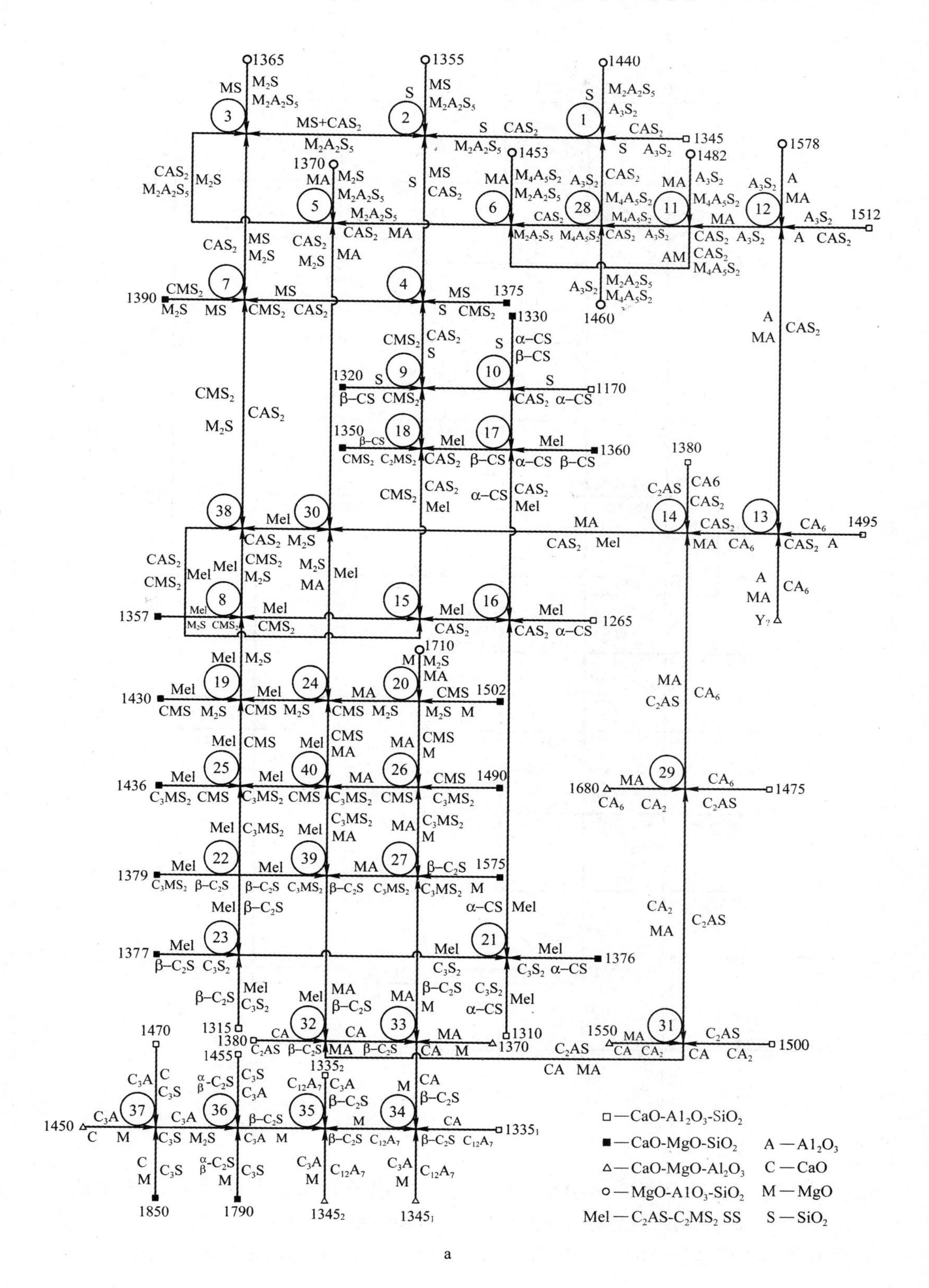
□—CaO-Al$_2$O$_3$-SiO$_2$
■—CaO-MgO-SiO$_2$
△—CaO-MgO-Al$_2$O$_3$
○—MgO-A1O$_3$-SiO$_2$
Mel—C$_2$AS-C$_2$MS$_2$ SS
A—Al$_2$O$_3$
C—CaO
M—MgO
S—SiO$_2$

a

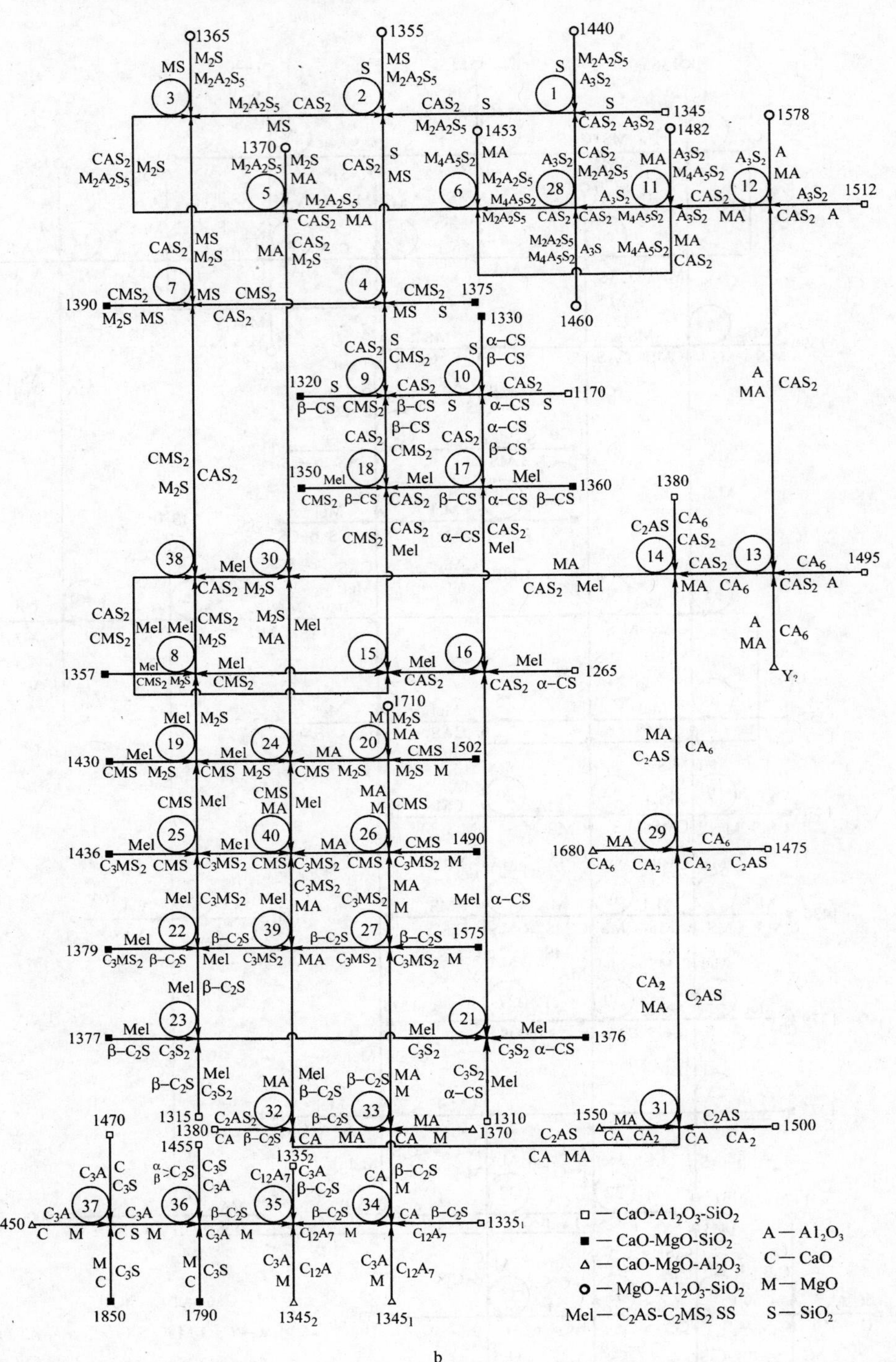

图 3－4 CaO－MgO－Al_2O_3－SiO_2 系相图内各不变点与单变曲线关系图

a—预测图内的各不变点和单变曲线关系图（比例 1：0.57）；

b—四元系 CaO－MgO－Al_2O_3－SiO_2 相图内各不变点与各单变曲线关系图（比例 1：0.59）

四元系 $CaO-MgO-Al_2O_3-SiO_2$ 预测图（图 3－3）经文献资料［6，7］（该四元系中的局部剖面图）核对都是吻合的。这里仅举 5 个例子，其中 3 个例子对文献［6，7］中的剖面图个别的点有出入。图 3－5a、b 与图 3－6 的文献［6］相吻合，图 3－7a、b 与图 3－8 的文献［7］相吻合。其他如图 3－9a、b 与图 3－10，图 3－11 与图 3－12，图 3－13 与图 3－14 在图 3－15a、b 中所示的不同点一目了然。

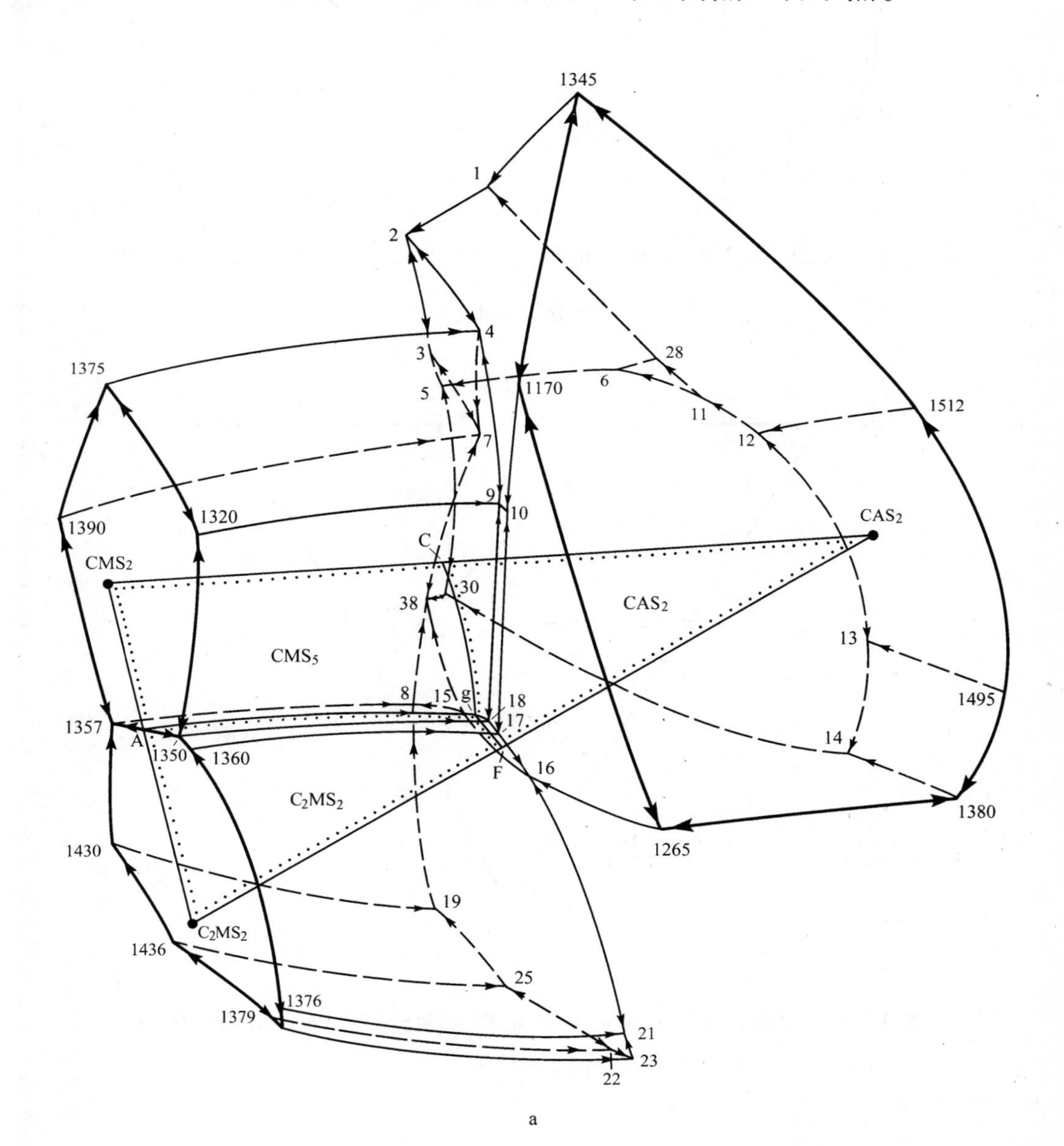

a

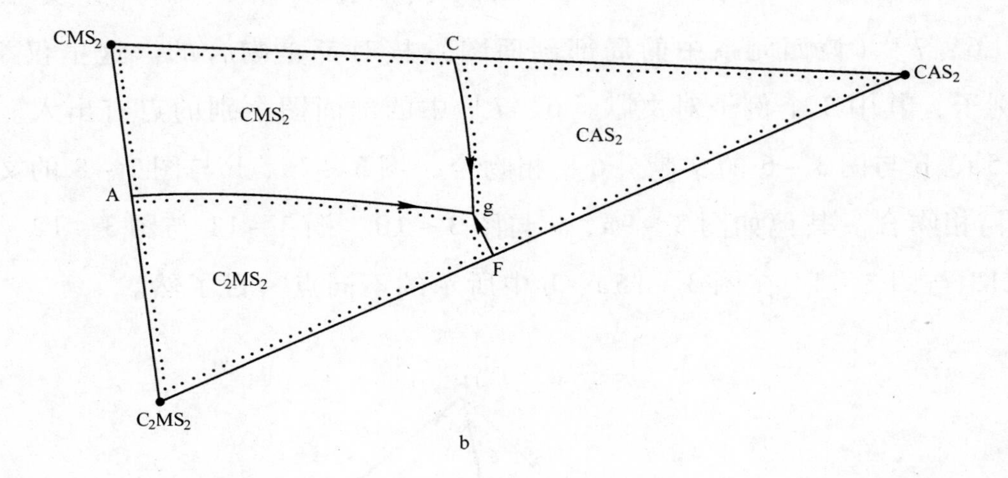

图 3－5 从图 3－3 中取出三元系 $C_2MS-CAS_2-CMS_2$ 剖面图的情形

（比例 1：1）

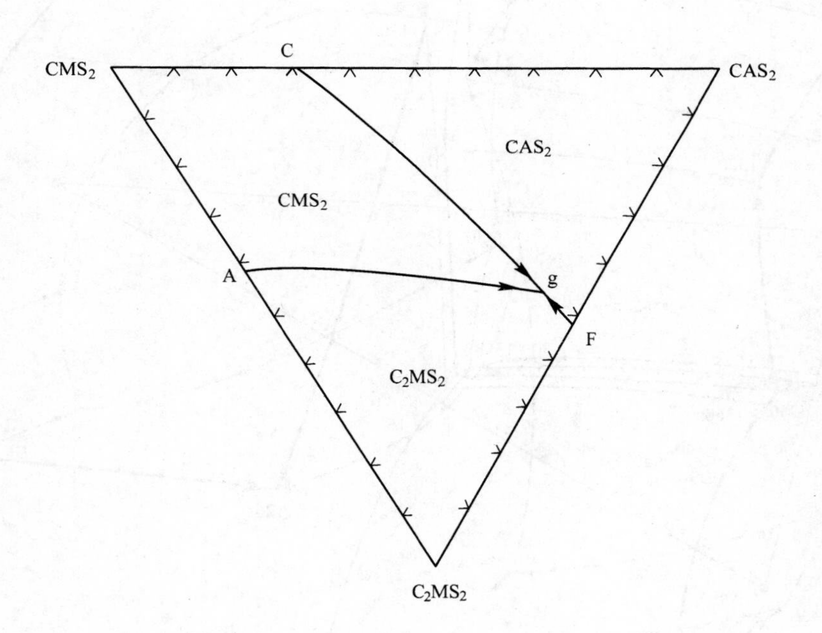

图 3－6 文献［6］Fig. 921 三元系 $C_2MS_2-CAS_2-CMS_2$ 相图

（比例 1：1）

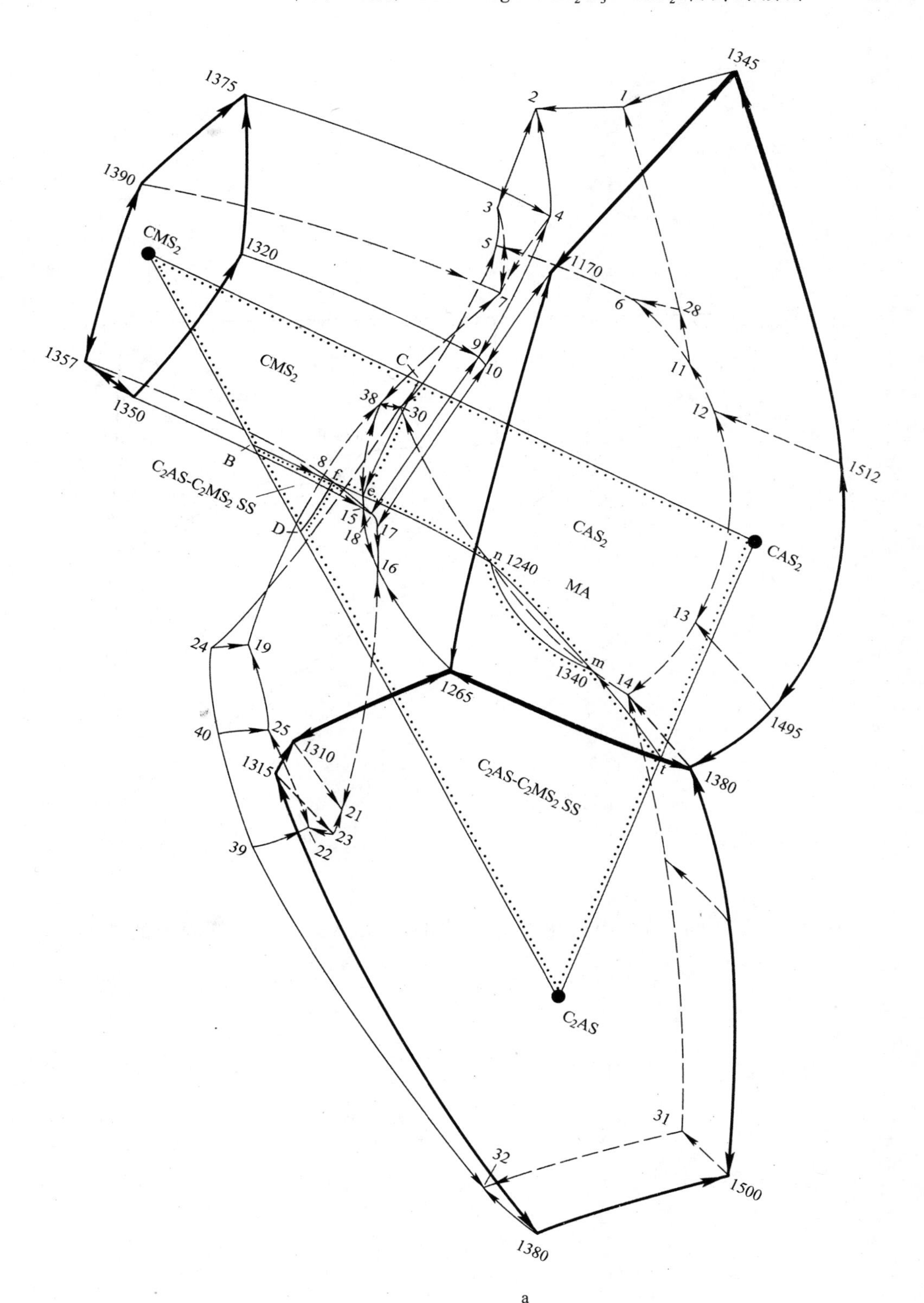
1345
1375
2
1
1390
3
4
5
CMS_2
1320
1170
7
6
28
9
CMS_2
10
11
1357
C
38
30
12
1350
8
1512
B
f
e
C_2AS-C_2MS_2 SS
15
17
CAS_2
D
18
CAS_2
n 1240
16
MA
13
24
19
m
1340
14
1265
1495
40
25
1310
1315
1380
t
21
C_2AS-C_2MS_2 SS
39
23
22
C_2AS
31
32
1500
1380

a

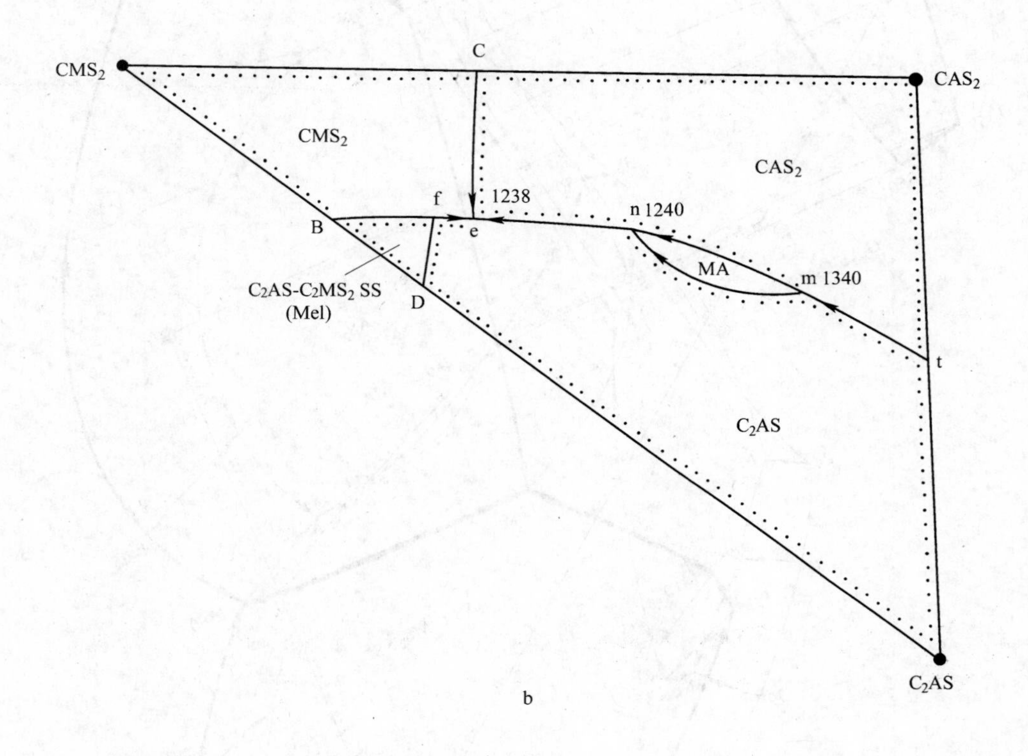

图 3－7　从图 3－3 内取出三元系 $CMS_2-C_2AS-CAS_2$ 剖面图的情形

（比例 1：1）

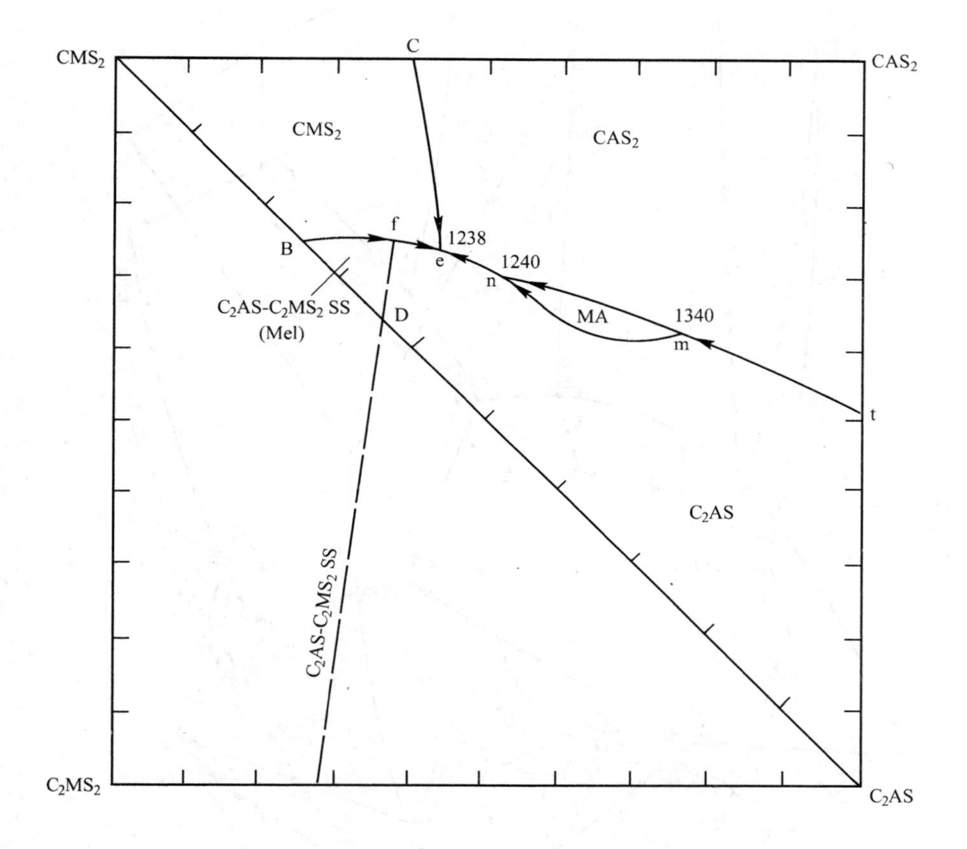

图 3－8 文献［7］Fig. 4638 的三元系 CMS_2－C_2AS－CAS_2 相图

（比例 1：1）

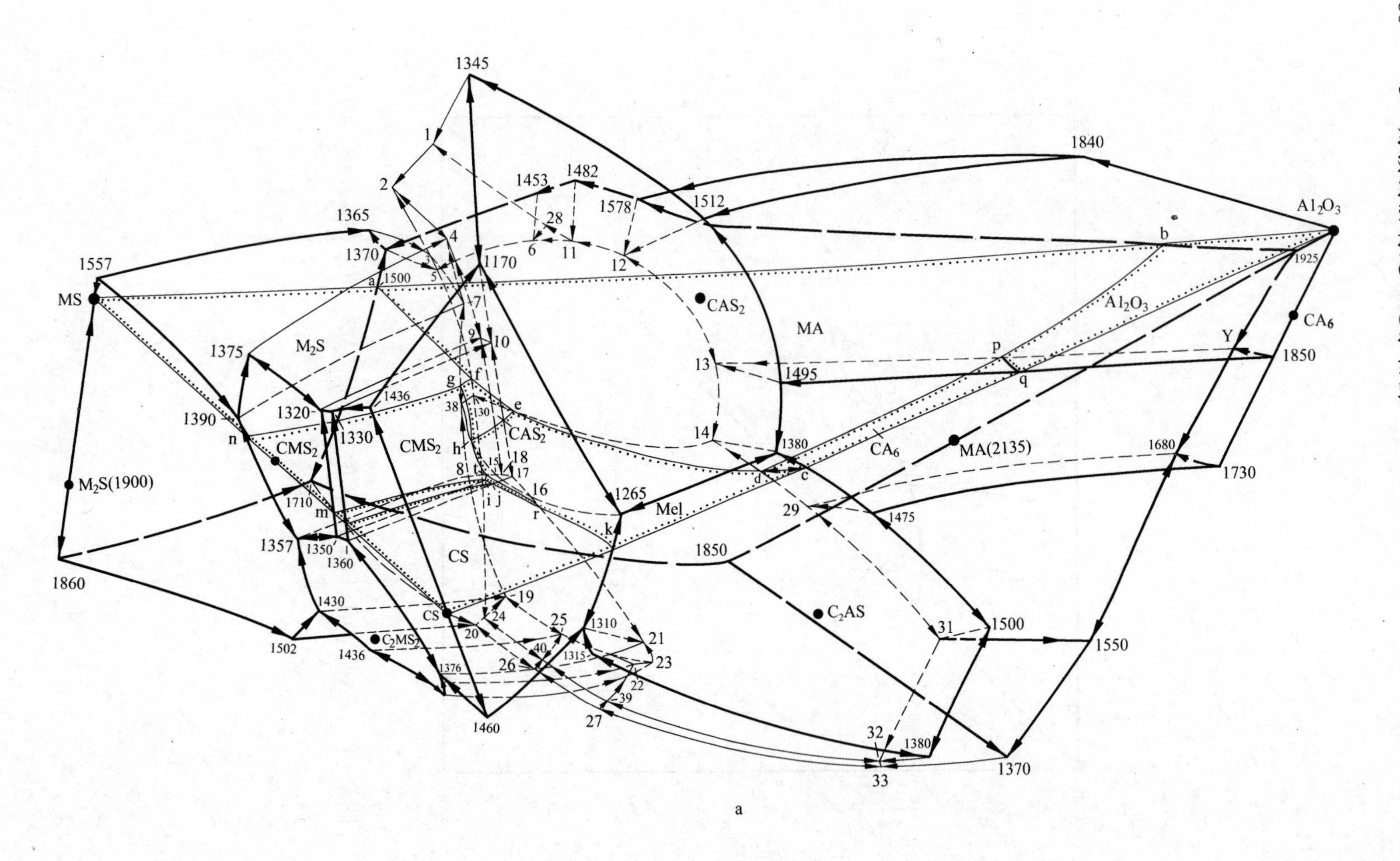

1345
1840
1
2
1453
1482
1578
1512
Al_2O_3
1365
28
4
6
11
12
b
1925
1370
3
1170
1557
a
1500
5
MS
7
CAS_2
Al_2O_3
CA_6
MA
9
10
Y
1375
M_2S
p
1850
13
1495
q
g
f
1436
1320
38
130
e
1390
1330
n
CMS_2
CAS_2
14
1380
CA_6
MA(2135)
CMS_2
h
15
18
1680
8
17
d
c
1730
$M_2S(1900)$
i
j
16
1265
1710
Mel
29
m
r
1475
k
1357
1350
1360
1850
CS
1860
1430
19
CS
24
25
C_2AS
1310
20
21
31
1500
1502
C_2MS_2
40
1550
1436
26
1315
23
1376
22
39
27
1460
32
1380
33
1370

a

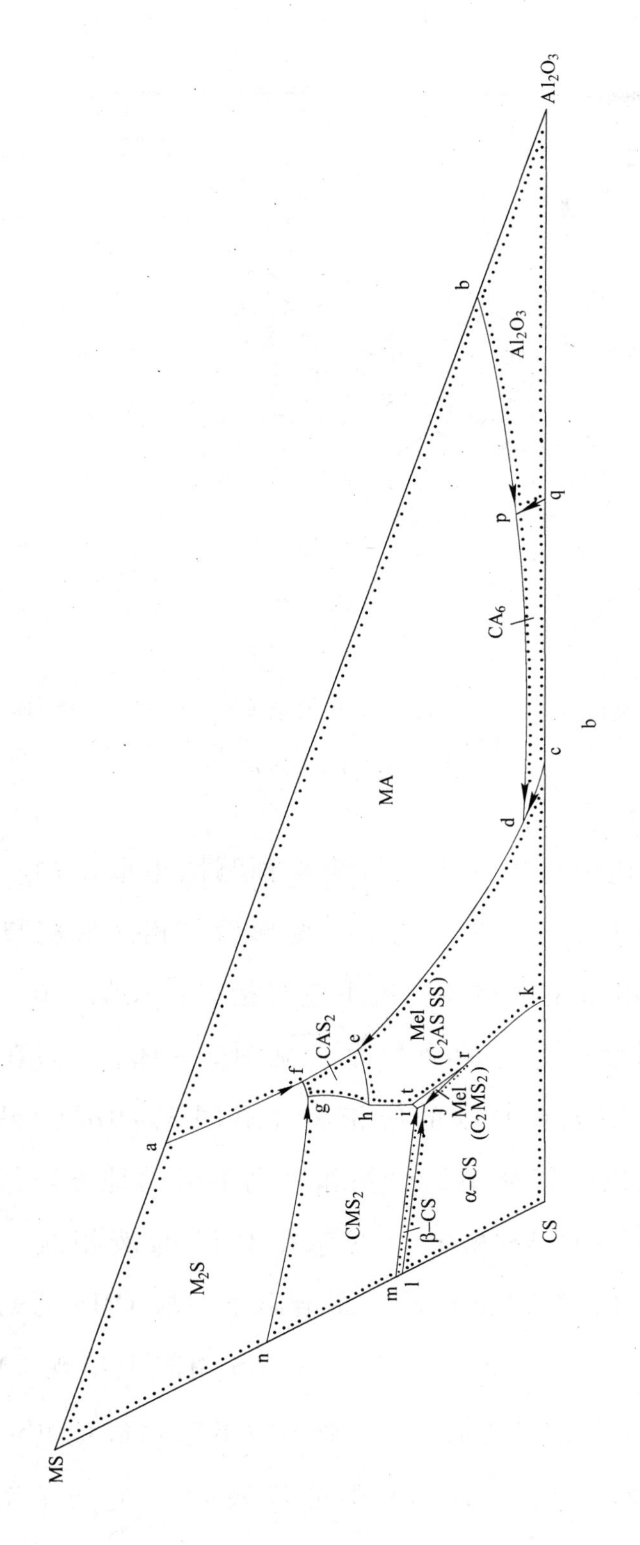

图 3－9 图 a 和图 b 均是从图 3－3 内取出的三元系 CS－Al_2O_3－MS 剖面图的情形

（比例均为 1：0.33）

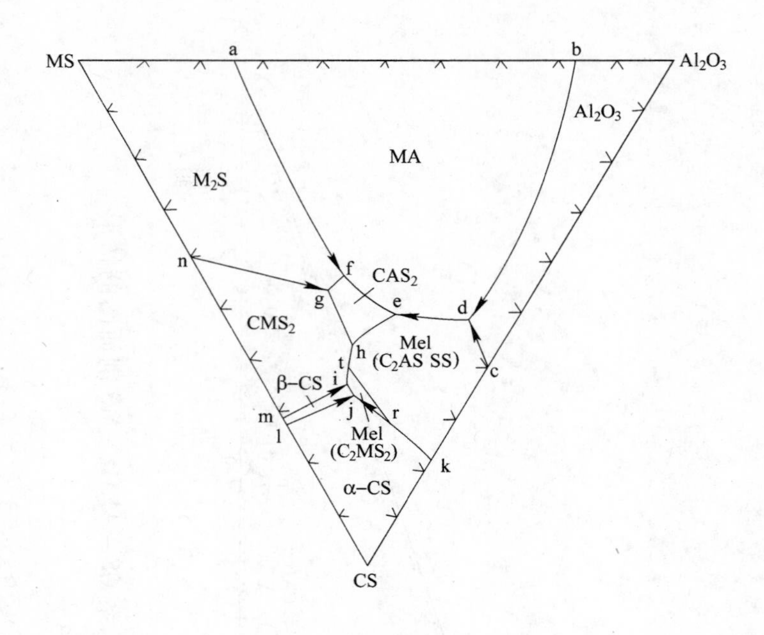

图 3 – 10 文献［6］Fig. 888 的三元系 CS – Al_2O_3 – MS 图

（比例 1：1）

从上面的图解对比中可以看出，尽管从预测图中取出的三元系剖面图不是正三角形，但可以变形为三角形。变形后其相区形貌与文献［6，7］中对应的三元系相图完全相同。这里应当指出：文献［6］的三元系 CS – Al_2O_3 – MS 相图没有 CA_6 的液相面（见图 3 – 10），而在预测图中取出的该三元系剖面图上有 CA_6 的液相面（见图 3 – 9b）。另外，用预测图还能核对和纠正以往资料中的误差和含糊不清的地方。例如，文献［8］的二元系 C_2MS_2 – C_2AS 相图中不存在 CMS 的液相线（见图 3 – 11），而从预测图中取出的该二元系剖面给出了一段 CMS 的初经液相线 ad。且清楚地反应在三元系 CS – C_2MS_2 – C_2AS 相图上出现 CMS 的液相面 adm（见图 3 – 12）。又如文献［7］确实指出二元系 C_2MS_2 – C_2AS 上有一段 CMS 的液相线（见图 3 – 13 中的线段 $\overline{ad}$）在三元系 C_2MS_2 –

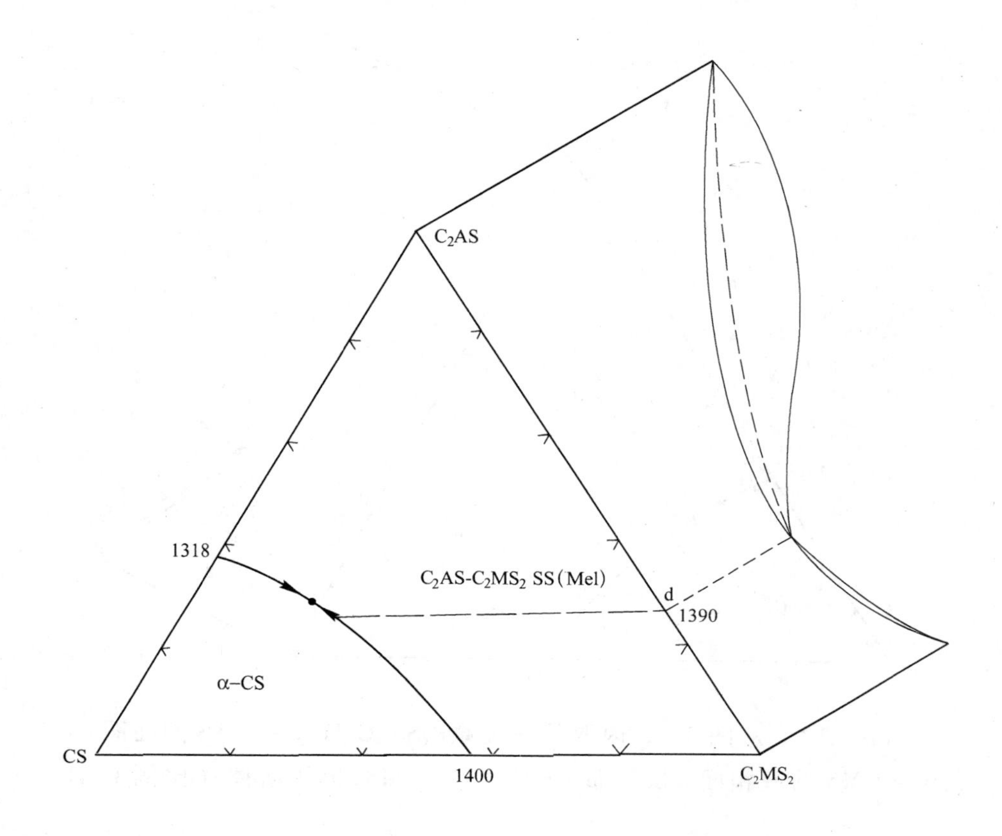

图 3-11　文献［7］、［8］Fig. 4637 的三元系 $CS-C_2MS_2-C_2AS$ 和

二元系 $C_2MS_2-C_2AS$ 图

（比例 1：1）

$C_3MS_2-C_2AS$ 相图中相应地做出了 CMS 的液相面 abed（见图 3-13）。但是$\widehat{ab}$、$\widehat{de}$以虚线表示，也不注明 abed 是谁的液相面，这些都是含糊不清的地方。从预测图 3-3 中取出的三元系 $C_2MS_2-C_3MS_2-C_2AS$ 剖面就不存在这些含糊不清的现象（见图 3-14）。图 3-14 比图 3-13 多了一个非等温转变的包共晶点 c 点（$L_c+C_3MS_2\rightarrow CMS+Mel$）。图 3-14 与图 3-13 不同在于它表明 CMS 的液相面不与二元系 $C_2MS_2-C_3MS_2$ 线段相交在 b 点。

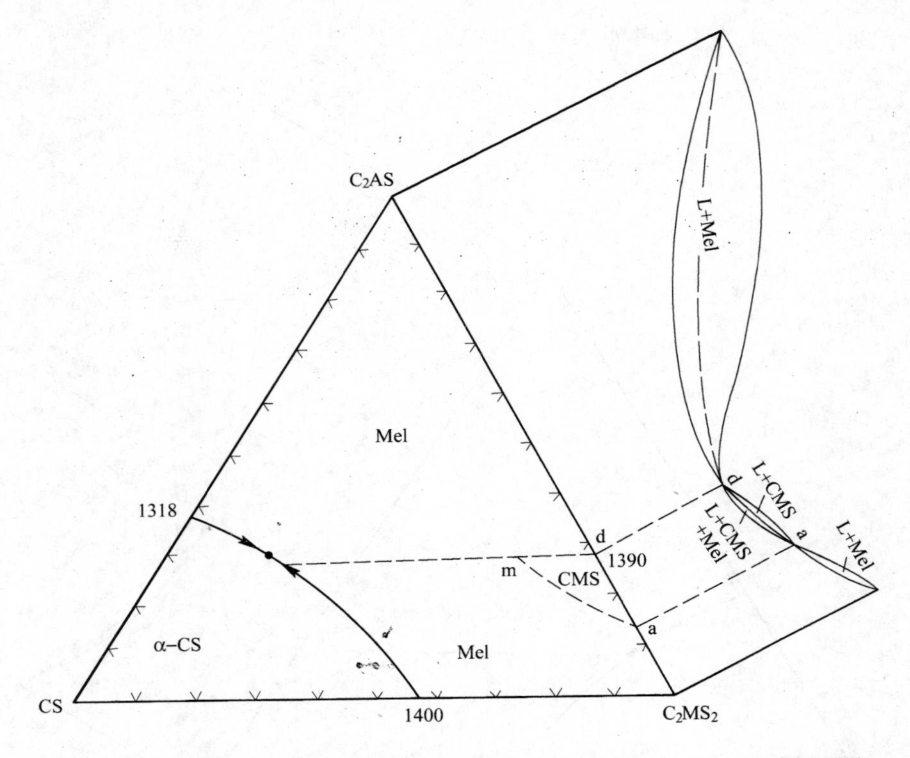

图 3 – 12　从图 3 – 3 内取的三元系 CS – C_2MS_2 – C_2AS 剖面图
（出现 CMS 的液相面 adm）Mel = C_2AS – C_2MS_2 的固溶体（比例 1：1）

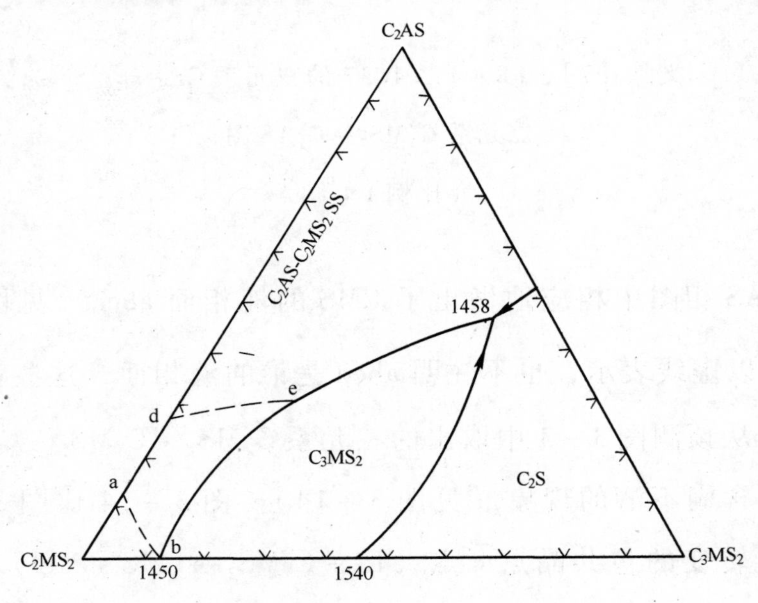

图 3 – 13　文献［7］Fig. 4631 的三元系 C_2MS_2 – C_3MS_2 – C_2AS 图
（比例 1：1）

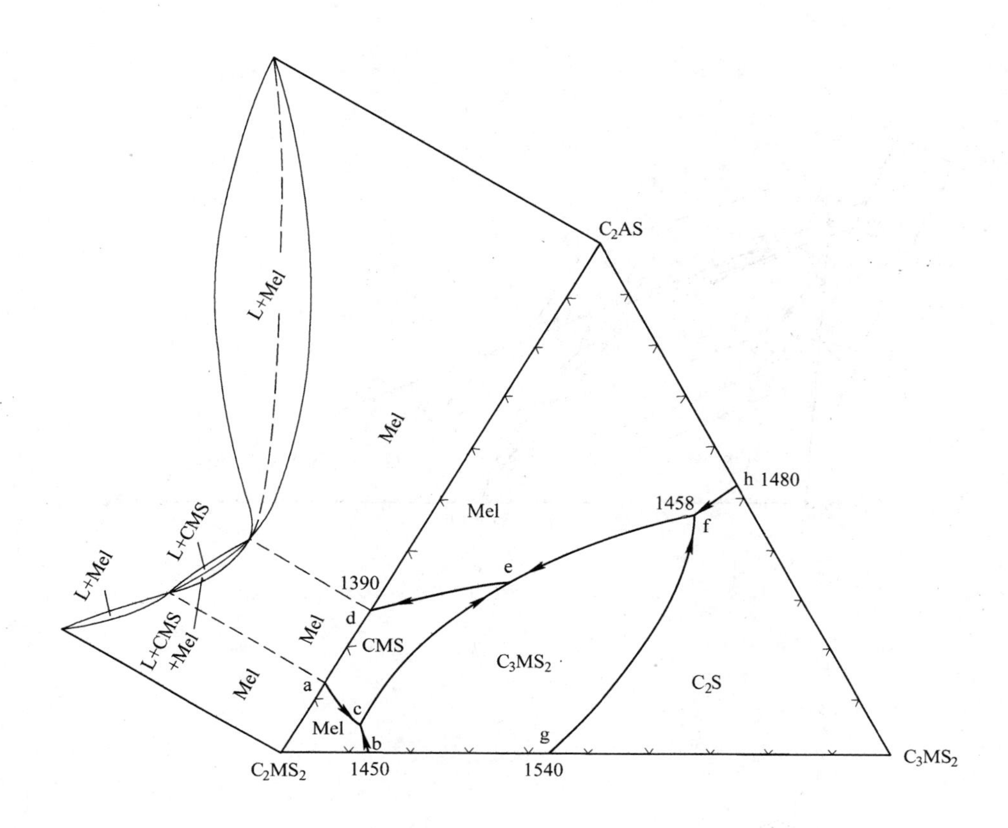

图 3-14 从图 3-3 内取出的三元系 $C_2MS_2-C_3MS_2-C_2AS$ 剖面图（正三角形）

（比例 1：1）

在预测图中取三元系 $C_2MS_2-C_3MS_2-C_2AS$ 剖面的情形及取出的剖面图原型如图 3-15a、b 所示，变形成正三角形就是图 3-14。

为详尽地将预测图 3-3 表达清楚，把一些物相及其液相体从总图中分离出来，标出有关物相间的连线及其在液相体中的穿交部位（见图 3-16～图 3-25）。图 3-17 中来自 C_2MS_2 指向 C_2AS 线段穿过 CMS 的液相体上 a、d 两点即是图 3-14 中的 a 与 d。

图 3-3 中具有连续固溶体关系的 $C_2MS_2-C_2AS$ 二元系，二者的液相体界面 19-25-23-21-16-15-8 是连续固溶体的最低熔点曲面。

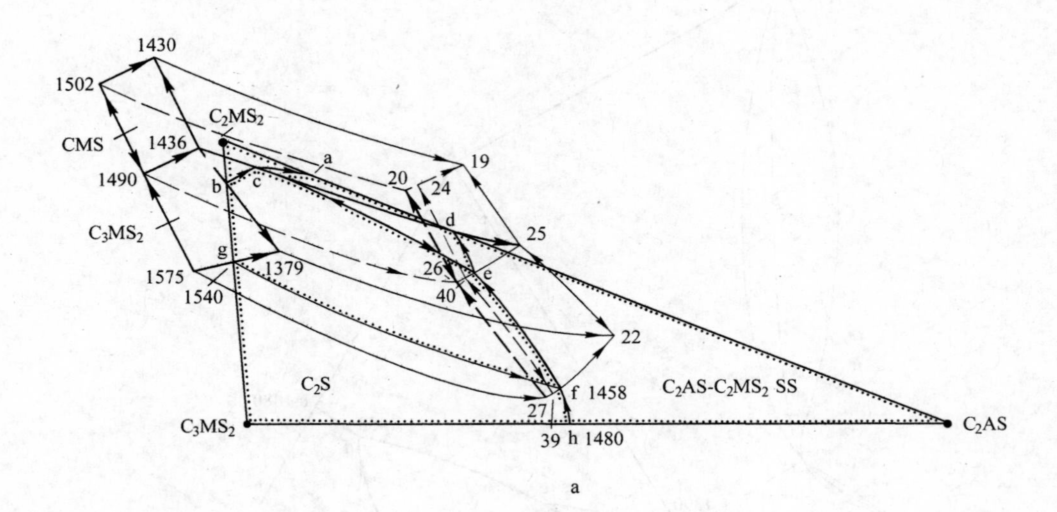

a

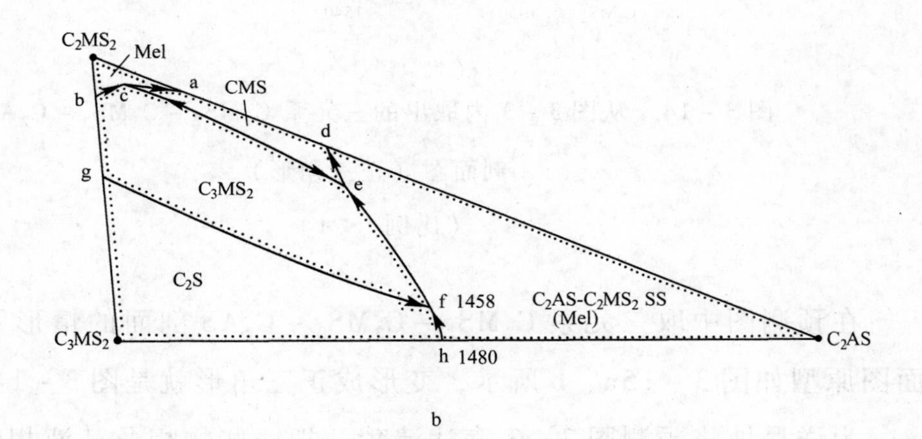

b

图 3－15　从图 3－3 内取出三元系 C_2MS_2－C_3MS_2－C_2AS 剖面图情形

（比例 1：1）

（图 b 为非正三角形）

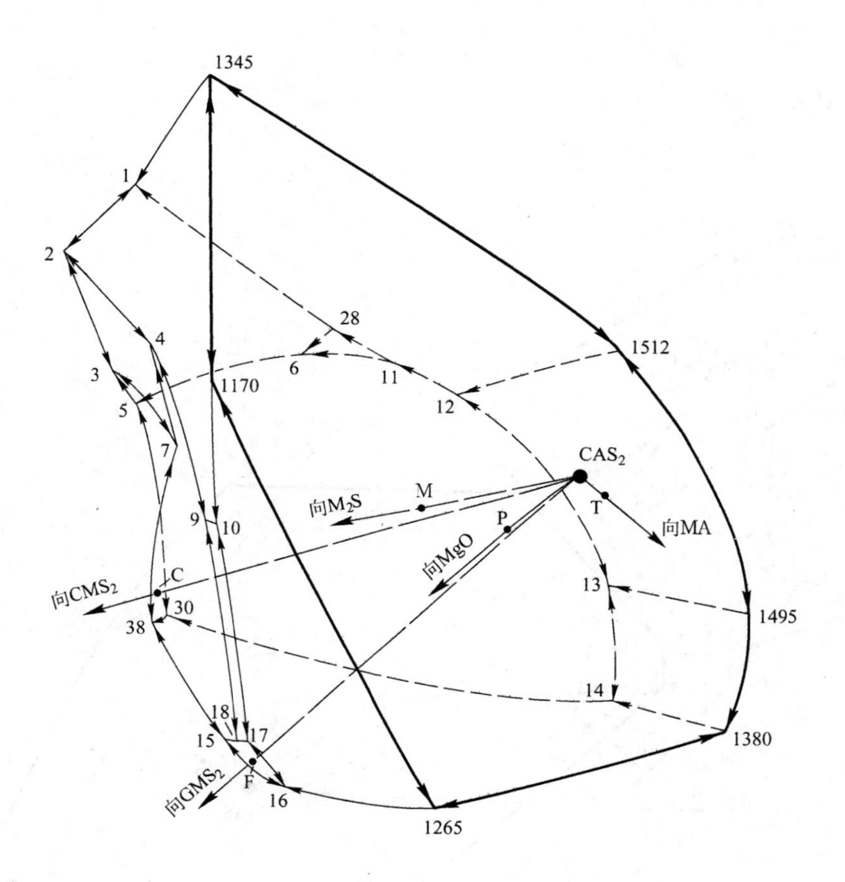

图 3-16 CAS_2 的液相体及 CAS_2 与有关物相连线的指向

（比例 1：1）

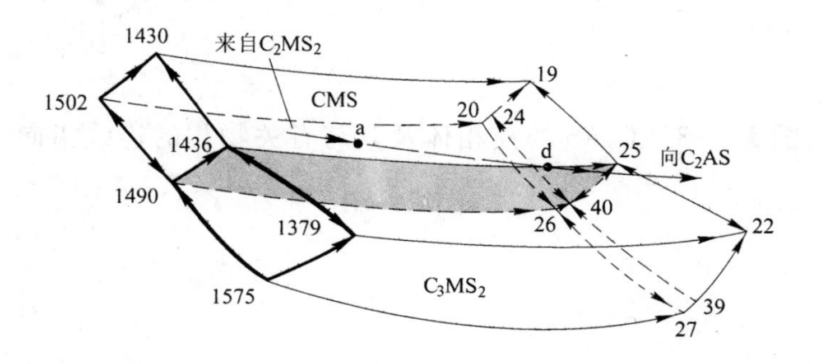

图 3-17 CMS 和 C_3MS_2 的液相体

（比例 1：1）

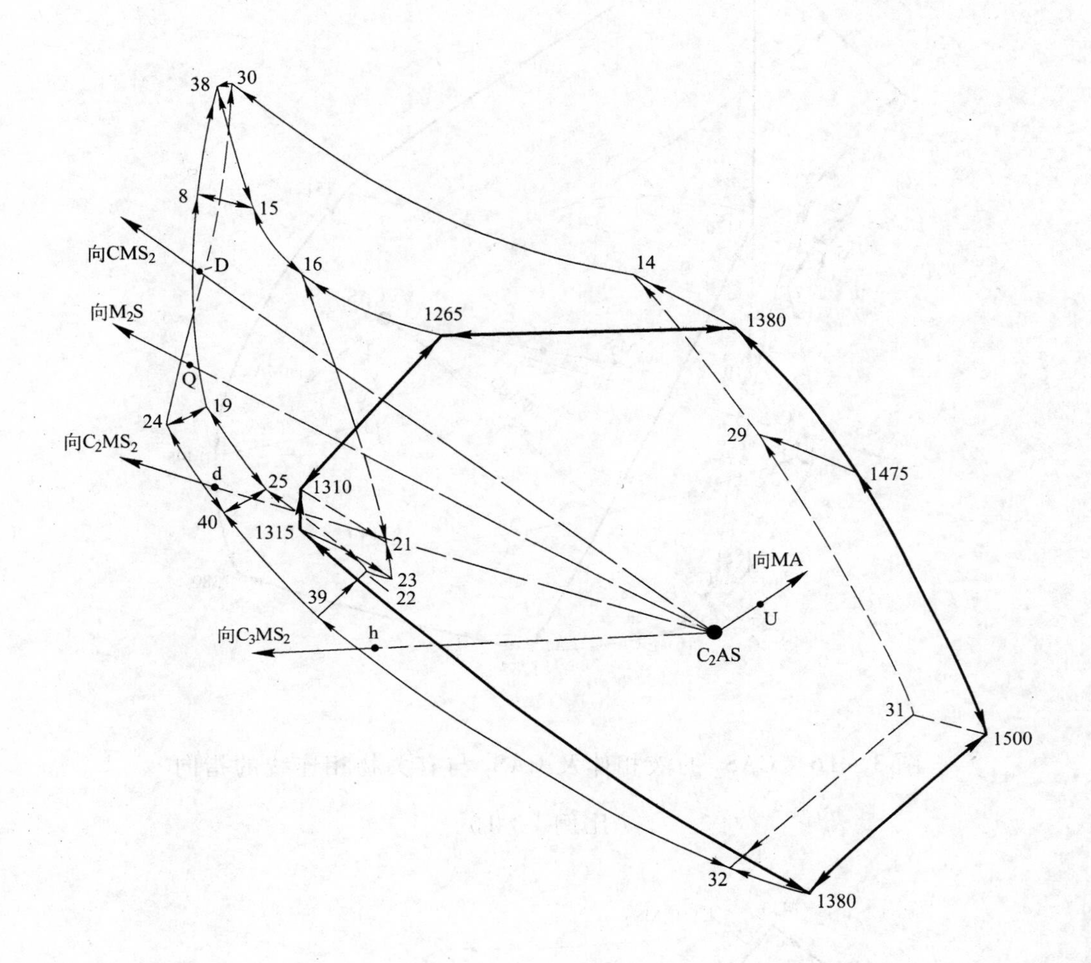

图 3－18 C_2AS 的液相体及其与有关物相的连线指向

（比例 1：1）

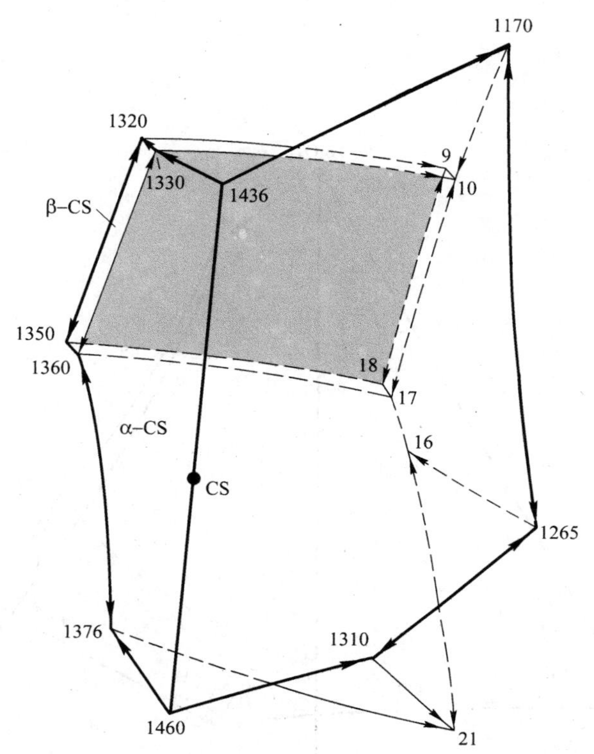

图 3-19 α-CS 和 β-CS 的液相体
（比例 1∶1）

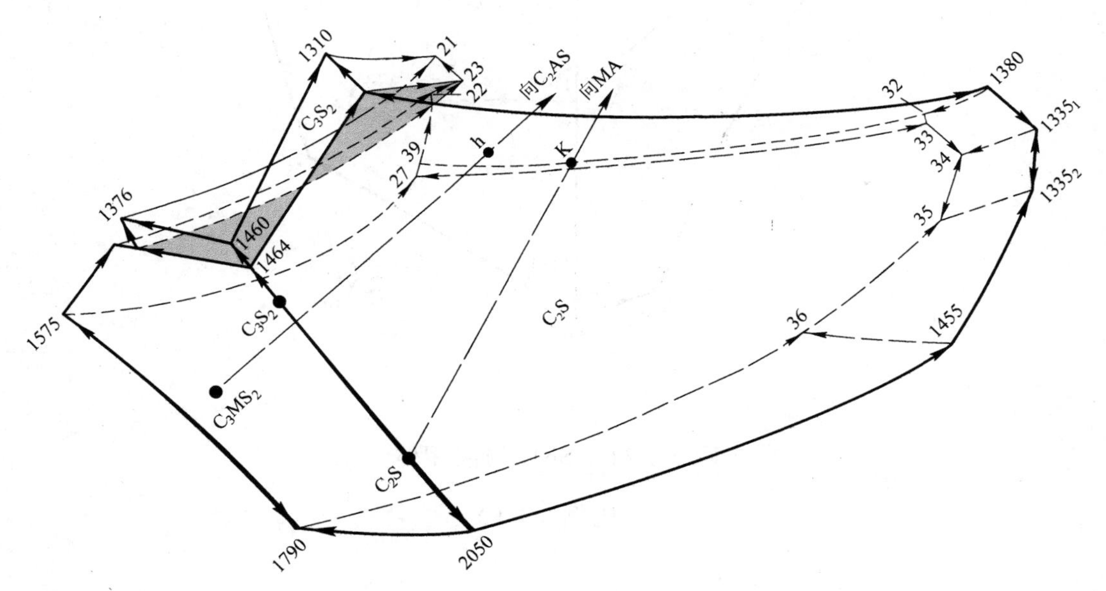

图 3-20 C_2S 和 C_3S_2 的液相体
（比例 1∶1）

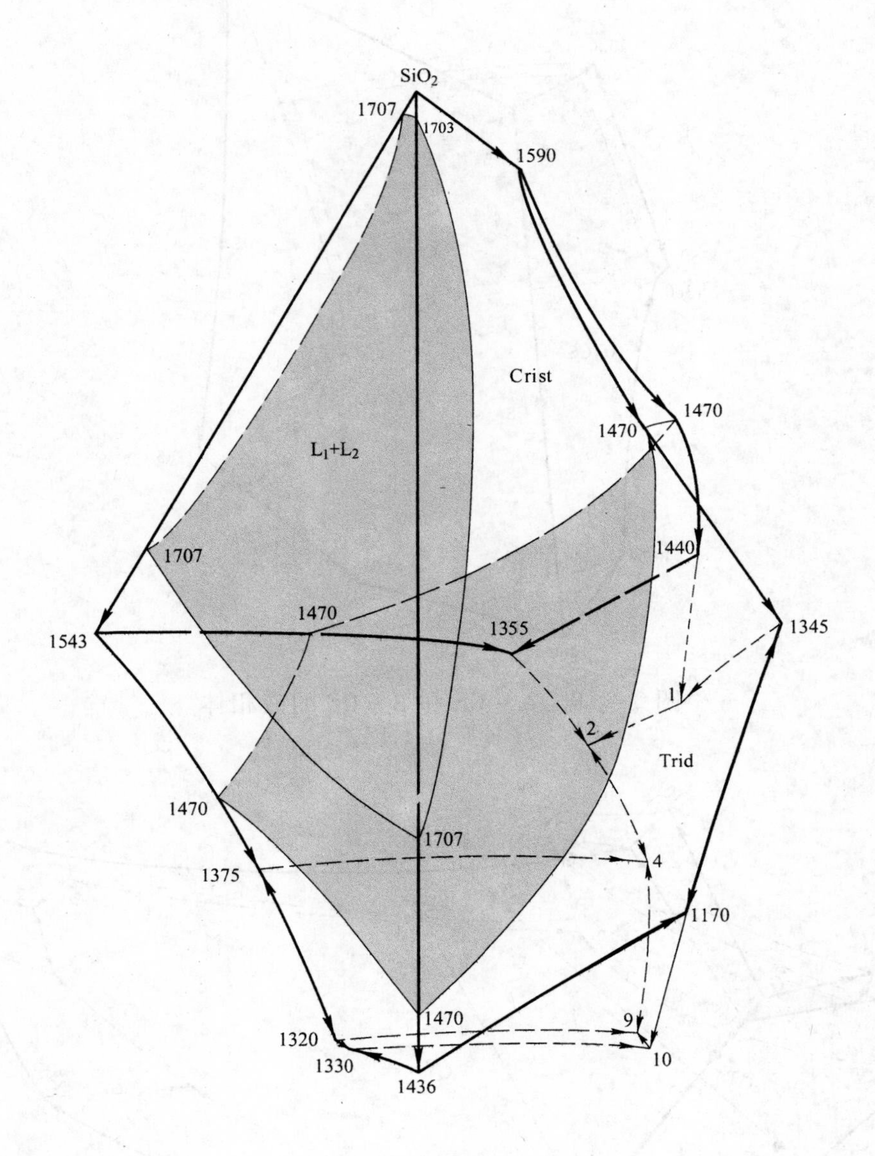

图 3 - 21 SiO_2 的液相体

（比例 1 : 1）

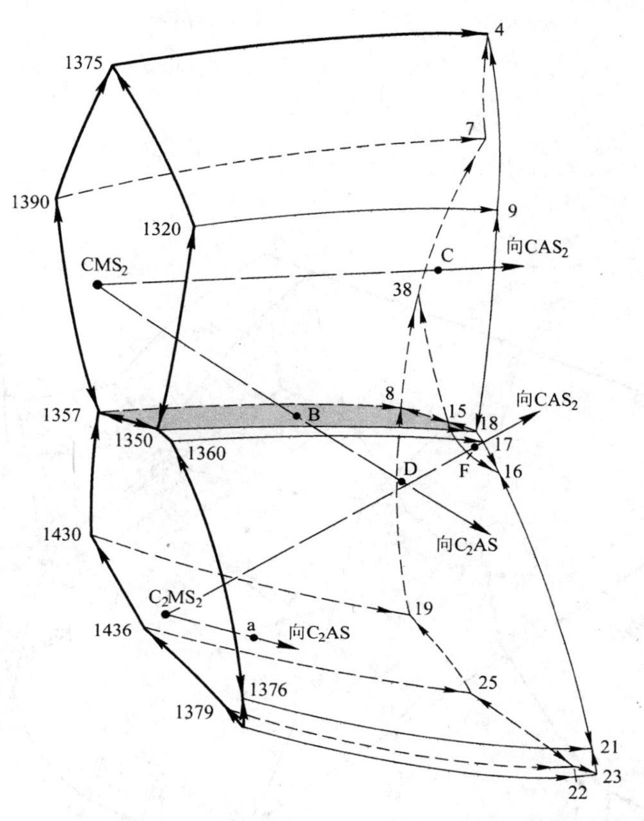

图 3－22 CMS_2 与 C_2MS_2 的液相体及其与有关物相连线的指向
（比例 1：1）

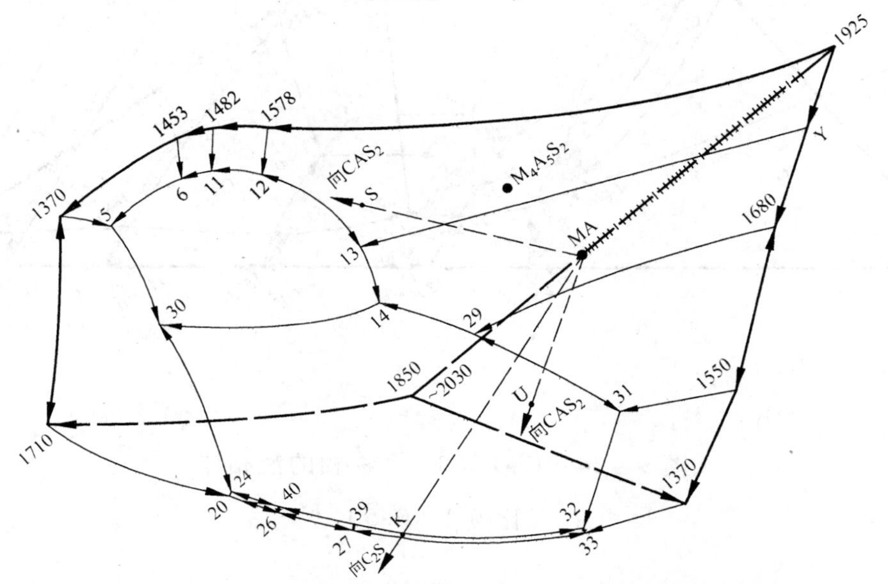

图 3－23 MA 的液相体及其与有关物相连线的指向
（比例 1：0.43）

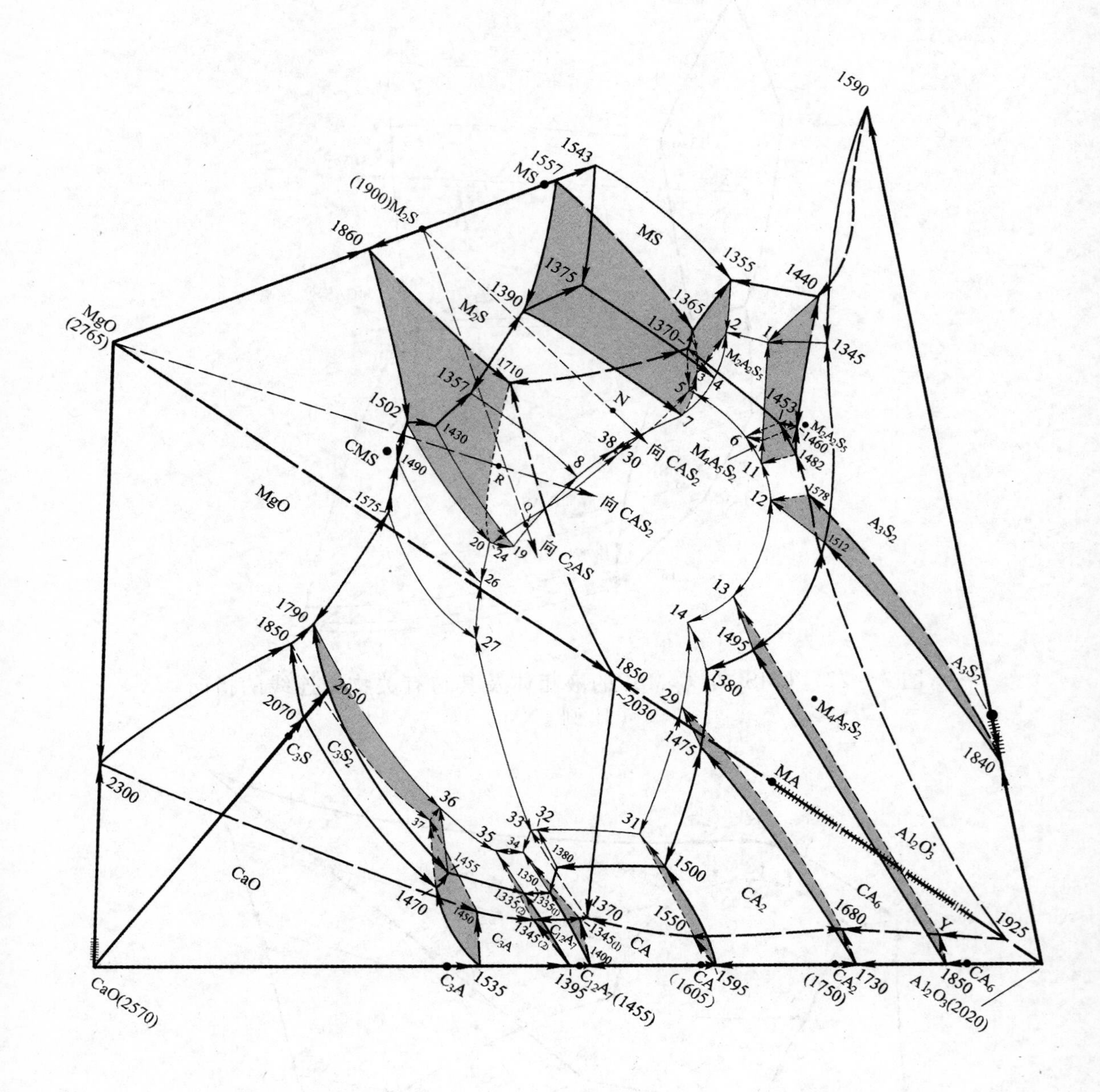

图 3－24　CaO 等 14 个物相的液相体

（比例 1：0.5）

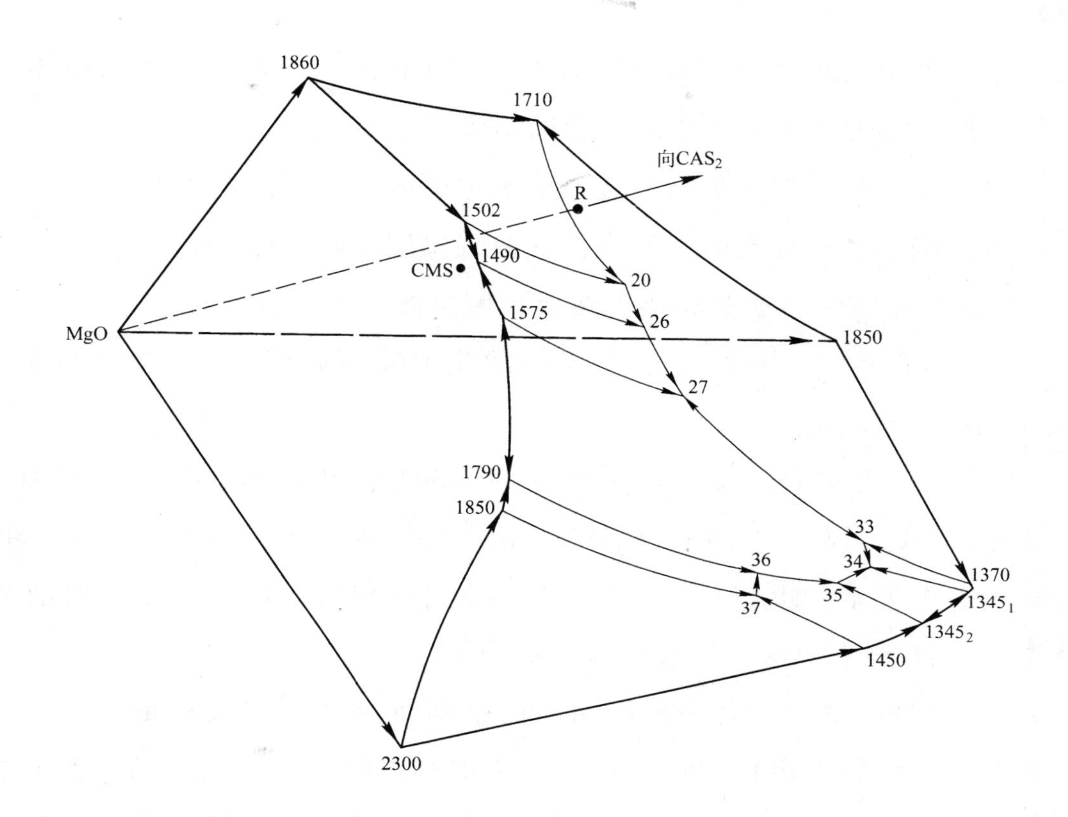

图 3 - 25 MgO 的液相体

（比例 1 : 0.25）

连线$\overline{C_2MS_2 - C_2AS}$不穿过该曲面，穿过 CMS 的液相体（见图 3 - 17 和图 3 - 18）也即穿过 CMS 与 C_2AS 的液相体界面（d 点）和 CMS 与 C_2MS_2 的液相体界面（a 点）。正因如此，在二元系 C_2MS_2 - C_2AS 上有一段穿过 CMS 液相体的线段$\overline{ad}$，凝固过程必然要出现 CMS（参看图 3 - 14，但图 3 - 13 未标出是 CMS 的液相面）。

3.1.2 预测方法和过程

满足预测条件后，按照四元系相图的预测法则进行预测：

（1）根据各物相间存在的相平衡关系，确定各物相液相体相应面数。

（2）根据两相平衡物相的凝固特点及其相图几何形式，在四面体内引线连点，构成各物相相应面数的液相体。

（3）建立预测图雏形后，近似地确定图内各不变点位置。

（4）确定各不变点的性质及汇交曲线温度下降趋向。

将各物相液相体彼此相接，构成预测总图（见图3－3）。

例如，欲做出一致熔化的三元中间相 CAS_2 的液相体（参考图3－16），具体步骤如下：

（1）已知 CAS_2 与14种物相——SiO_2、$M_2A_2S_5$、A_3S_2、Al_2O_3、$M_4A_5S_2$、CA_6、MA、C_2AS、C_2MS_2、α－CS、β－CS、CMS_2、M_2S、MS 存在相平衡关系，也即与14种物相的液相体相接。根据四元系的液相体相应面数法则，CAS_2 的液相体面数为15。

（2）根据 CAS_2 与各平衡物相间的凝固特点（凝固过程是否出现第三甚至更多种的物相），按照图表1－2中有关的几何法则，确定各平衡物相的液相体部位。如在 CAS_2－MA 二元系中任取一试样，凝固过程出现第三种物相 Al_2O_3，则根据 CAS_2、MA、Al_2O_3 和K点的液相（$L + Al_2O_3 \rightarrow CAS_2 + MA$ 时液相的成分点）四者成分位置关系（见图3－26），即可确定MA、Al_2O_3。与 CAS_2 三者液相体的部位关系（图3－26中的K点）是连线三角形面 CAS_2－MA－Al_2O_3 引申与曲线 $\overset{\frown}{12-13}$ 的交截点。连线四边形 CAS_2－K－MA－Al_2O_3 在一个平面上，符合图1－7的形式。又如在 CAS_2－CMS_2 二元系上任取一试样，其凝固过程无第三种物相出现，根据 CAS_2、CMS_2 及其二元共晶点C三者的成分位置关系，可知 CAS_2 与 CMS_2 两物相的连线穿过二者液相体界面（见图3－27），符合图1－3形式。其他类推。

做出各物相液相体是建立四元系预测图的关键。

（3）将预测图近似化，确定图内各不变点的大致位置，这与近似确

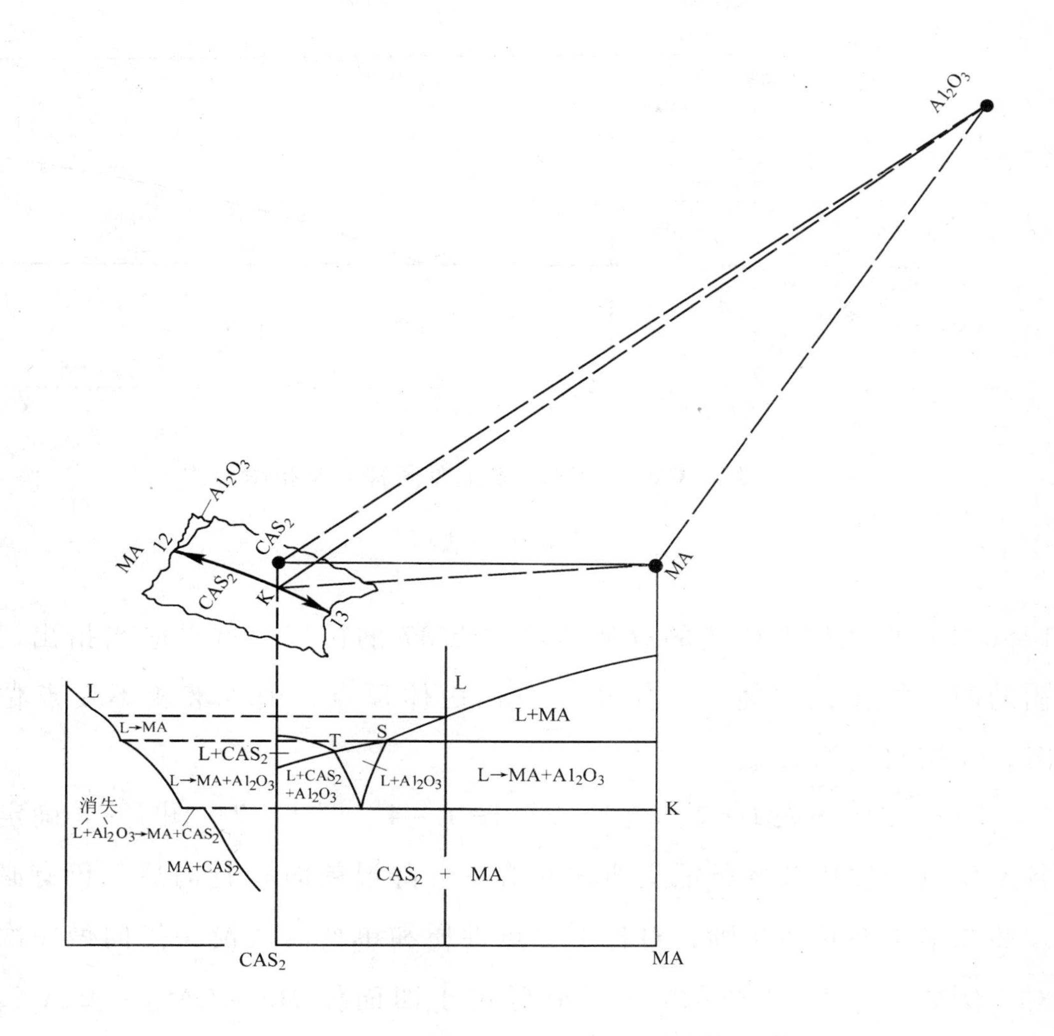

图 3－26 CAS_2－MA 系上凝固特点及其相图形式

（比例 1：1）

定三元系内的不变点相似。如图 3－3 中的不变点 37，对比与之平衡的 4 种物相的晶点（MgO 2765℃、CaO 2570℃、C_3S 2070℃分解，C_3A 1535℃分解），点 37 应离 MgO 最远，离 C_3A 最近，到 CaO 和 C_3S 之间距 MgO 和 C_3A 之间。对比指向 37 点的三条带箭头的汇交曲线 $\overset{\frown}{1850-37}$、$\overset{\frown}{1470-37}$、$\overset{\frown}{1450-37}$ 的源发点温度（1850℃、1470℃、

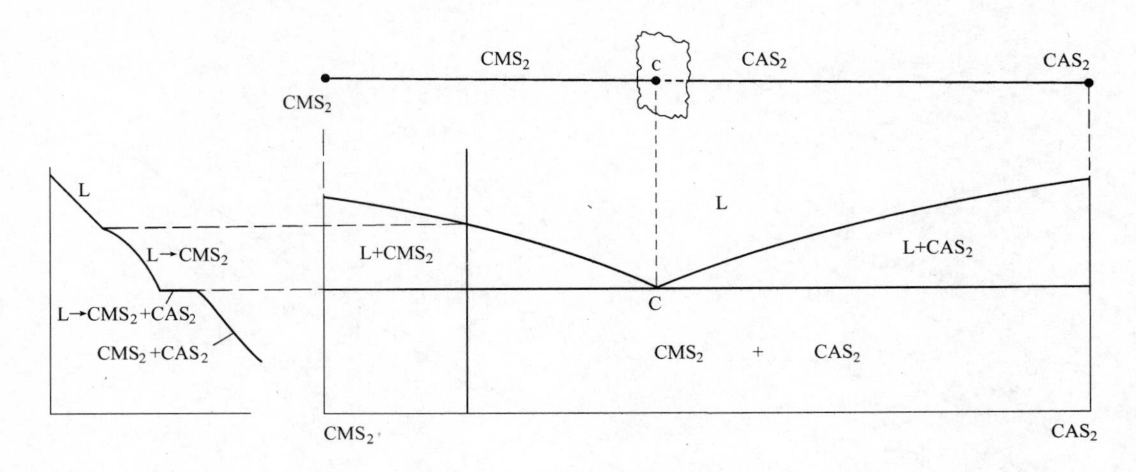

图 3－27 CMS_2-CAS_2 系上凝固特点及相图形式

（比例 1∶1）

1450℃）也能如上所述的近似地确定点 37 的位置。这里应当指出，平衡的四种物相在空间不一定位于正四面体顶点，确定液相不变点位置时，要按比例确定。

（4）按照图表 1－2，图 1－3、图 1－4、图 1－7、图 1－8 确定了各不变点的性质及各条汇交曲线的箭头（降温趋向）指向后，仍有必要按照相平衡的几何法则，对各不变点性质和单变曲线箭头指向做一次核对。例如，图 3－3 中的点 2，成分位于四面体 $MS-CAS_2-M_2A_2S_5-SiO_2$ 内部，2 是四元共晶点（$L_2 \rightleftharpoons MS+CAS_2+M_2A_2S_5+SiO_2$），因而汇交于 2 点的 4 条单变曲线箭头都应指向 2，又如点 1 的液相与 SiO_2、CAS_2、$M_2A_2S_5$ 和 A_3S_2 四物相平衡，1 与 A_3S_2 分别位于连线三角形 $CAS_2-M_2A_2S_5-SiO_2$ 两侧。点 1 的反应式为 $L_1+A_3S_2 \rightleftharpoons M_2A_2S_5+CAS_2+SiO_2$。因此，汇交于 1 点的 4 条单变曲线箭头指向是：$\overrightarrow{1440-1}$、$\overrightarrow{1345-1}$、$\overrightarrow{28-1}$和$\overrightarrow{1-2}$。即前三条指向 1 点，后一条指离 1 点。如 1 点的液相在等温转变后有剩余（A_3S_2 先消耗完），则其在随后的继续冷却

中沿$\overset{\frown}{1-2}$线产生非等温性的三元共晶（$L_{\overset{\frown}{1-2}} \rightarrow CAS_2 + M_2A_2S_5 + SiO_2$），直至液相在 2 点等温共晶消耗完毕，凝固过程结束。

3.2 用预测法制定四元系 Pb－Cd－Sn－Bi 相图[9]

已知四元系 Pb－Cd－Sn－Bi 的 4 个三元系相图（见图 3－28），在 Pb－Bi 二元系中有一个不一致熔化的二元中间相 β（Pb_9Bi_4），Pb－Cd－Bi 和 Pb－Sn－Bi 两个三元系相图中有两个四相平衡的液相不变点，Cd－Sn－Bi 和 Pb－Cd－Sn 都是简单共晶型的三元系。要预测该四元系相图，已经具备了一项条件。

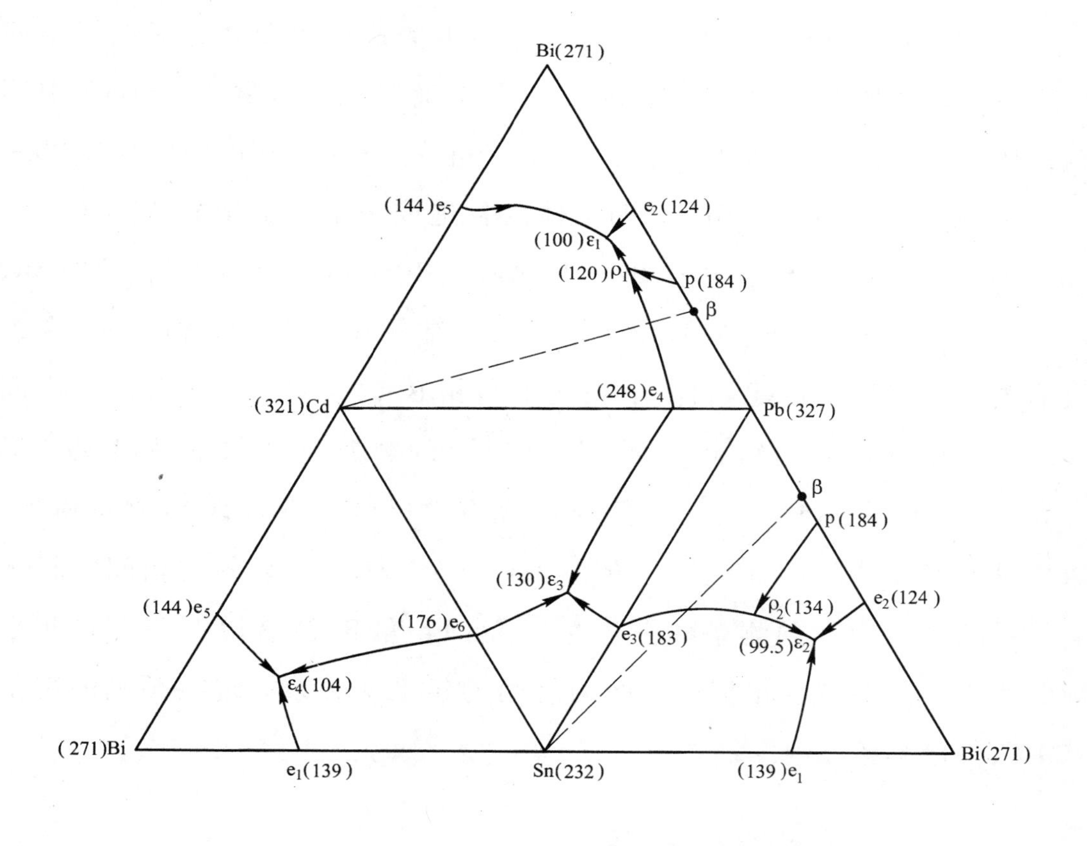

图 3－28 构成四元系 Pb－Cd－Sn－Bi 的 4 个三元系相图

（比例 1：0.75）

3.2.1　预测方法和过程

3.2.1.1　制备合金试样的原料和热分析用的仪器设备

（1）原料。铅粒：纯度≥99.99%；锡粒：纯度99.99%；镉片：纯度99.99%；铋粒、纯度99.99%。

（2）仪器设备。与制定 Pb－Sn－Sb 和 Sn－Sb－Bi 相图相同。

3.2.1.2　建立预测条件的取样分析

在三角形 Cd－Sn－β 上、下两四面体内取合金试样 AE_1 和 AE_2。

由于有两项预测条件尚未具备，即还不清楚该四元系有无四元中间相及各物相间的相平衡关系。因此，需先确定该四元系是否存在中间相，从图3－29 中可以看出，只需在三角形 Cd－Sn－β 的两侧，Pb－Cd－Sn－β 和 Cd－Sn－Bi－β 四面体内各选取一个合金试样 AE_1（45% Pb、10% Cd、35% Sn、10% Bi）和 AE_2（20% Pb、20% Cd、45% Sn、15% Bi）熔化缓冷，经 X 射线定性分析，结果只检出 5 个相——4 个组元物质 Pb、Cd、Sn、Bi 和 1 个二元中间相 β（Pb_9Bi_4），没有四元中间相。根据无机物系的结合规律，四元以上的金属化合物不易出现（形成），该四元系连 4 个三元中间相都没有，更难以形成四元中间相了。由于没有四元中间相（满足了预测条件二），该四元系各物相间的相平衡关系随之明确（预测条件三建立）。除 Pb 和 Bi 被 β 隔开不存在相平衡关系外，其余各物相都存在两两之间的相平衡关系。现在预测的三个基本条件已具备。

3.2.1.3　预测法则和方法

（1）根据预测条件三可知，除 Pb 与 Bi 的液相体不相邻外，其他各

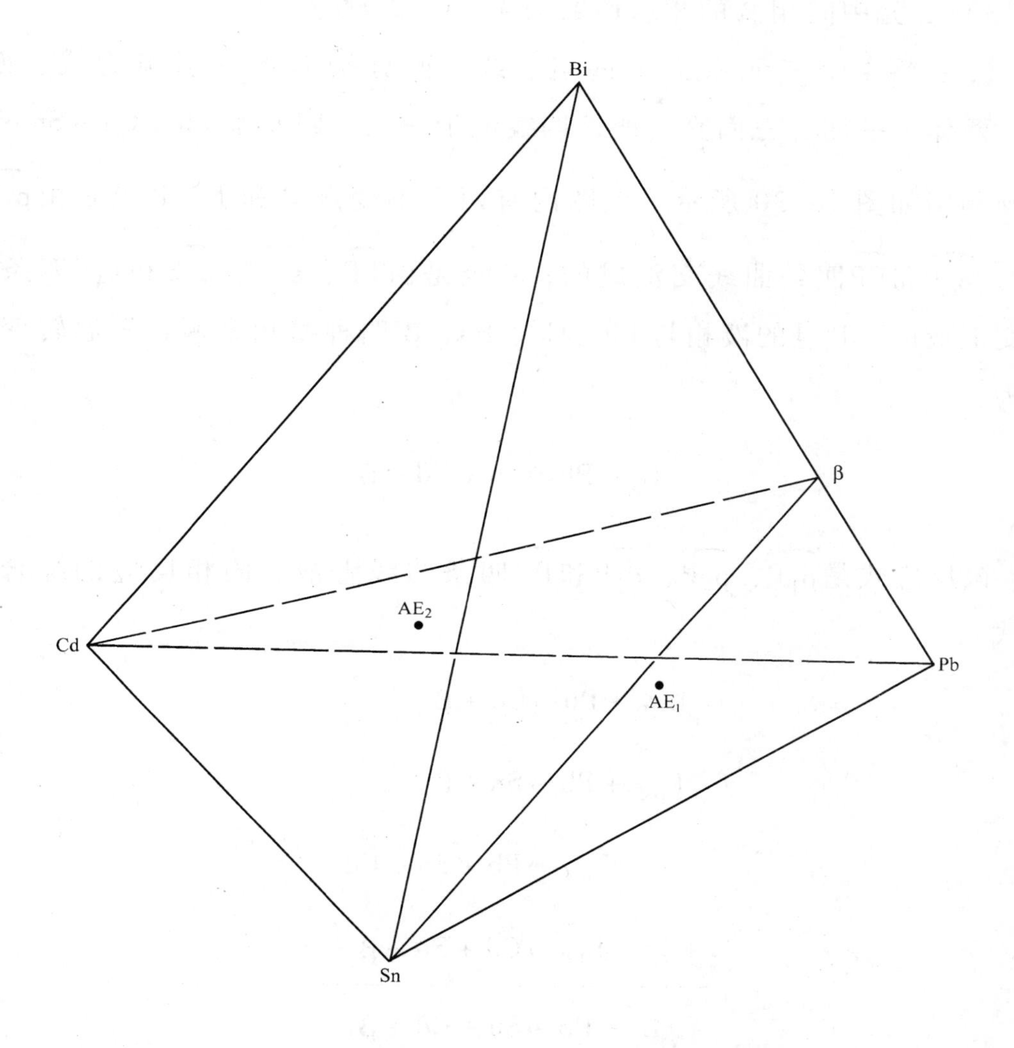

图 3 - 29 在三角形 Cd - Sn - β 两侧的四面体内取试样 AE_1 和 AE_2

(比例 1 : 0.37)

物相的液相体都彼此相邻。

(2) 根据各物相与其他物相间的平衡关系可知它的液相体相应面数为:

1) 组元物质 Pb 和 Bi 的相应面数为 4 + 3 - 1 = 6;

2) 组元物质 Sn 和 Cd 的相应面数为 4 + 4 - 1 = 7;

3）二元中间相 β 的相应面数为 4 + 4 - 2 = 6。

（3）将 4 个三元系面上的点、线、面分别向体内引申为线、面、体。两体夹一面，三面交一线，四线汇于一点。四元系 Pb - Cd - Sn - Bi 的预测图如图 3 - 30 所示。该图内有两个不变点 P 和 E，P 点是由$\overset{\frown}{\rho_1 P}$、$\overset{\frown}{\rho_2 P}$、$\overset{\frown}{\varepsilon_3 P}$和$\overset{\frown}{EP}$四条曲线交汇成的；E 点是由$\overset{\frown}{PE}$、$\overset{\frown}{\varepsilon_1 E}$、$\overset{\frown}{\varepsilon_2 E}$和$\overset{\frown}{\varepsilon_4 E}$四条曲线交汇成的。P 点的液相与 Pb、Cd、Sn、β 四种物相平衡，等温转变形式为：

$$L_p + Pb \rightleftharpoons Sn + Cd + \beta$$

该反应式是$\overset{\frown}{\rho_1 P}$、$\overset{\frown}{\rho_2 P}$、$\overset{\frown}{\varepsilon_3 P}$和$\overset{\frown}{PE}$四条曲线上液、固相反应的综合表达式。

$$L_{\rho_1 P} + Pb \rightarrow Cd + \beta$$

$$L_{\rho_2 P} + Pb \rightarrow Sn + \beta$$

$$L_{\varepsilon_3 P} \rightarrow Pb + Sn + Cd$$

$$+)\quad L_{PE} \rightarrow Cd + Sn + \beta$$

$$\overline{\qquad L_p + Pb \rightarrow Sn + Cd + \beta \qquad}$$

假如反应过程中是 Pb 先消失，则剩余的液相将随温度下降沿$\overset{\frown}{PE}$线移动，不断产生三元共晶（$L_{\overset{\frown}{PE}} \rightarrow Sn + Cd + \beta$），这符合图表 1 - 2 中五相平衡 $L + S_1 \rightarrow S_2 + S_3 + S_4$ 的几何形成。液相 L_p 与 Pb 分别位于连线三角形 Cd - Sn - β 的上下两侧。E 点的液相与 Cd、Sn、Bi、β 四种物相成平衡关系，且其成分点还位于该四种物相构成的四面体（Cd - Sn - Bi - β）内，因而是四元共晶点。其等温反应式为：$L_E = Cd + Sn + Bi + \beta$。E 点的液相温度最低，与图表 1 - 2 中的 $L \rightarrow S_1 + S_2 + S_3 + S_4$ 的几何形式一

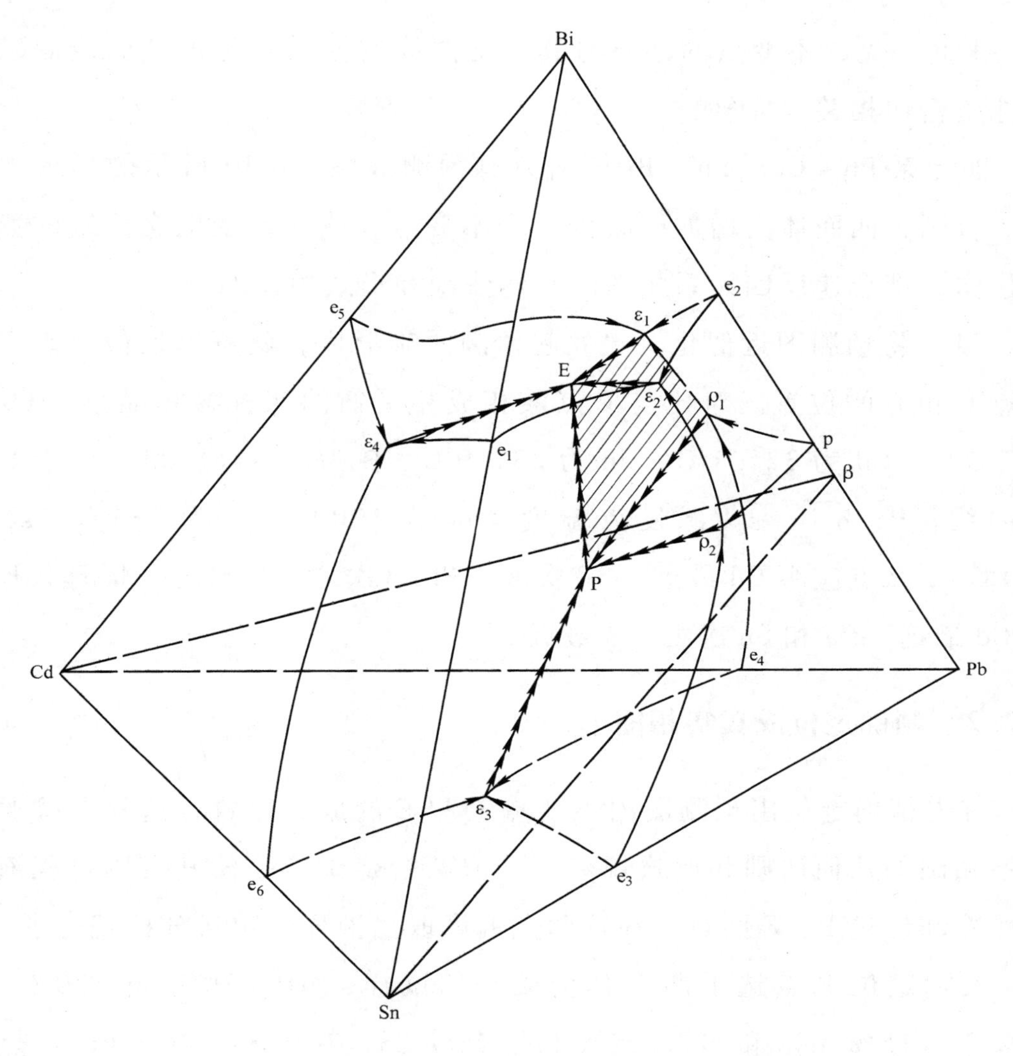

图 3－30 四元系 Pb－Cd－Sn－Bi 的预测图

（比例 1：0.8）

致。与 P 点一样，E 点的反应式也可以写成：

$$L_{\varepsilon_1 E} \rightarrow Cd + Bi + \beta$$

$$L_{\varepsilon_2 E} \rightarrow Sn + Bi + \beta$$

$$L_{PE} \rightarrow Cd + Sn + \beta$$

$$+)\quad L_{\varepsilon_4 E} \rightarrow Cd + Sn + Bi$$

$$L_E \rightarrow Cd + Sn + Bi + \beta$$

由此可见，不变点的性质与其汇交曲线的性质乃至汇交曲线源发点的性质密切相关。

四元系 Pb - Cd - Sn - Bi 相图只有预测成图 3 - 30 所示的形式才正确。否则，四面体内增加或减少一个不变点，或者改变汇交曲线的数目或位向，都会违反四元系相图的几何法则和形式规律的。

（4）将预测图近似化。建立起预测图雏形后，就可以近似地确定不变点 P 和 E 的位置。对比与 P 点液相成相平衡的四种物相晶点（Pb 为 327.5℃、Cd 为 321.1℃、Sn 为 231.9℃、β 为 186℃）和汇交于 P 点的曲线 $\widehat{\rho_1 P}$、$\widehat{\rho_2 P}$、$\widehat{\varepsilon_2 P}$ 源发点温度（ρ_1 为 120℃，ρ_2 为 134℃，ε_3 为 130℃），P 点应距 Cd 最远、Sn 次之、Pb 再次之、β 最近。同理，E 点距 Cd 最远、Pb 和 Sn 次之、β 最近。

3.2.2　精确定位成真实相图

首先精确定位出预测图内不变点 P 和 E 的成分位置，这只要按照四元系相图的几何法则和形式规律，选取两合金试样，使其凝固过程液相必然冷却经过 P、E 两点，在这两点温度取出液样做定量分析就行了。

实际定位 P 点选了两个合金成分的试样，MP_1（20% Pb、20% Cd、45% Sn、15% Bi）和 MP_2（35% Pb、25% Cd、20% Sn、20% Bi），热分析做出冷却曲线（见图 3 - 31、图 3 - 32）。从两条冷却曲线上发现，两合金的最后凝固温度都是 70℃。可以肯定，这就是 E 点液相温度。高于 70℃ 的另一个等温反应发生在 119℃（见图 3 - 32）该温度一定是 P 点液相温度。将合金试样 MP_2 重熔缓冷到 119℃，取出液相做定量分析。P 点的平均成分为：35.64% Pb、14.72% Cd、29.46% Sn、19.65% Bi。合金试样 MP_1 的冷却曲线只有两个拐点和一个平台（图 3 - 31）。后经与立体模型图核对，发现该合金成分恰好落在 Sn 与 Cd 的二元共晶面上的 $\widehat{e_6 P}$ 连接线上，凝固时液相沿 $\widehat{e_6 P}$ 线奔向 P 点（119℃）。在 P 点本应发

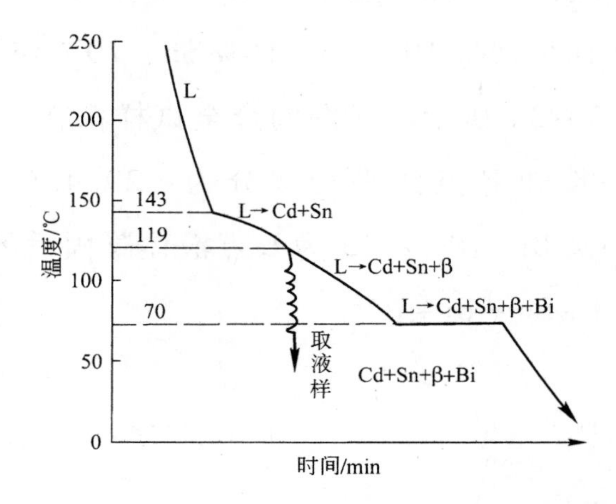

图 3－31　合金试样 MP_1 的冷却曲线（在 119℃取液样）

（比例 1：1）

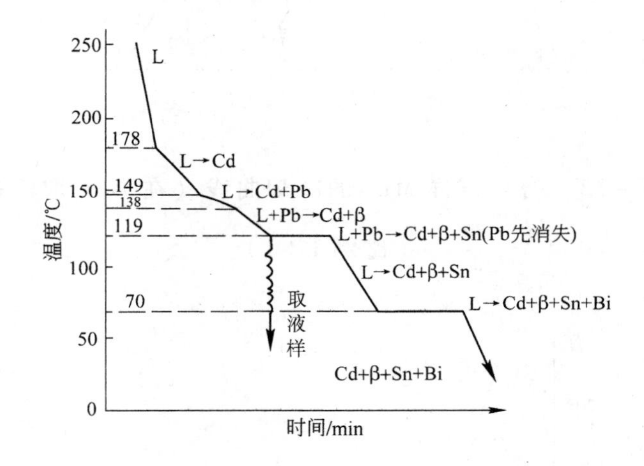

图 3－32　合金试样 MP_2 的冷却曲线（在 119℃取液样）

（比例 1：1）

生等温的四元包共晶转变（$L_p + Pb \rightarrow Cd + Sn + \beta$），但由于该合金没有 Pb 的初晶，只能产生三元共晶，且 P 点的液相沿 $\overset{\frown}{PE}$ 移向 E 点（$L_{PE} \rightarrow Cd + Sn + \beta$）。到达 E 点时（70℃），产生等温四元共晶反应 $L_E \rightarrow Cd + Sn + Bi + \beta$ 而凝固结束。

定位 E 点也选取两个合金试样 ME_1（30% Pb、20% Cd、20% Sn、30% Bi）和 ME_2（10% Pb、10% Cd、10% Sn、70% Bi），二者的冷却曲线如图 3－33、图 3－34 所示。两图的合金试样都在 70℃取液样做定量分析，从分析结果得知 E 点的平均成分为：29.42% Pb、10.12% Cd、13.35% Sn、46.61% Bi。图 3－35 为 E 点液体凝固后的显微组织图（细密的四元共晶物 Cd + Sn + Bi + β）。

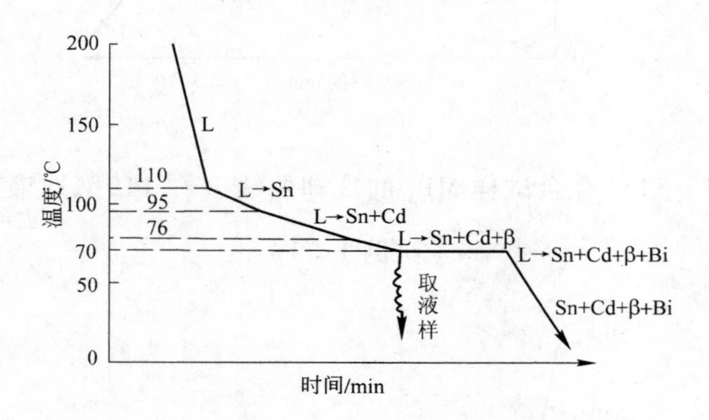

图 3－33 合金试样 ME_1 的冷却曲线（在 70℃取液样）

（比例 1 : 1）

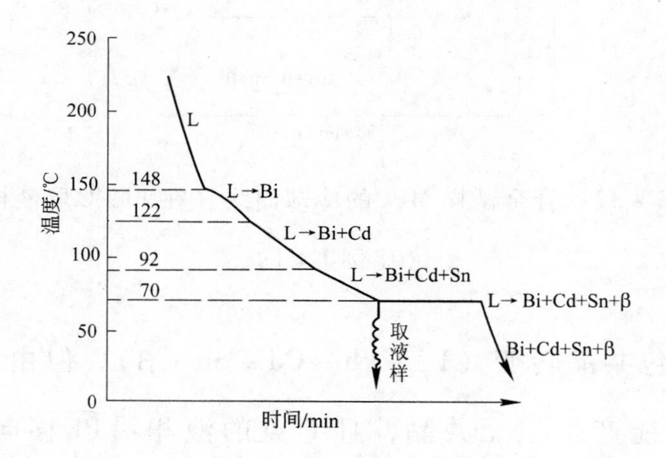

图 3－34 合金试样 ME_2 的冷却曲线（在 70℃取液样）

（比例 1 : 1）

图 3－35 Bi＋Cd＋Sn＋β 四元共晶

（×400）

精确定位 P、E 后，即可确定较长的单变曲线曲度。如确定$\widehat{\varepsilon_3 - P}$曲线的曲度，根据相图几何法则，在 Pb 的液相体内选取合金试样 AE_1（45% Pb、10% Cd、35% Sn、10% Bi），热分析做冷却曲线（图 3－36）。

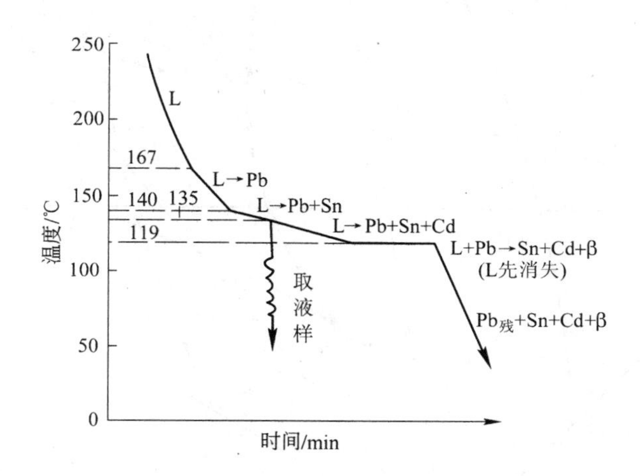

图 3－36 合金试样 AE_1 的冷却曲线（在 135℃取液样）

（比例 1：1）

分析其结晶过程可知，冷却到 135℃时，AE_1 的液相到达$\widehat{\varepsilon_3 P}$曲线上的 S 点。取出该点液样经化学定量分析，S 点的成分为：33.47% Pb、13.71% Cd、39.88% Sn、11.7% Bi。平滑连接 ε_3、S、P 三点定出曲线 $\overset{\frown}{\varepsilon_3 SP}$（鼓向三元系 Pb－Sn－Bi 面）的曲度。其他曲线曲度类推待定。

实际的 Pb－Cd－Sn－Bi 四元系相图基本形式如图 3－37 所示。

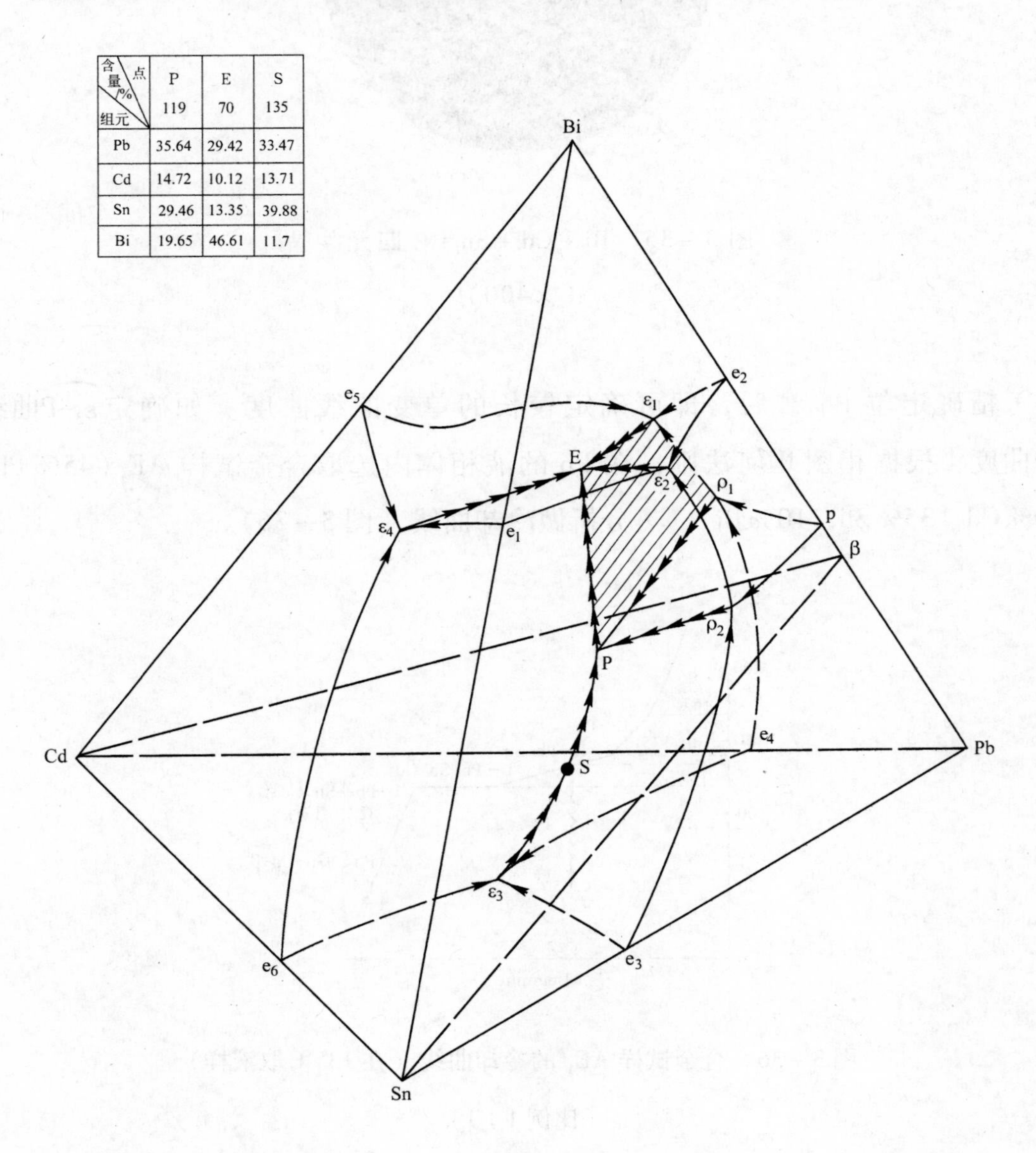

含量/% 点 组元	P 119	E 70	S 135
Pb	35.64	29.42	33.47
Cd	14.72	10.12	13.71
Sn	29.46	13.35	39.88
Bi	19.65	46.61	11.7

图 3－37　精确定位 PE 两点及 $\overset{\frown}{\varepsilon_3 P}$ 曲线曲度后的 Pb－Cd－Sn－Bi 基本形式图

（比例 1：0.8）

若还要详细地表示各物相固溶体的溶解度，可在五种物相（Pb、Cd、Sn、Bi、β）的液相体内各选取一个合金试样，熔解后缓冷至室温，做微区相的定量分析，即可定出各物相的溶解度极限。具体做法见第 2 章，用预测法制定三元系 Pb - Sn - Sb 相图已经做了详细介绍（参见图 2 - 26），下面不再叙述。

3.2.3　显微组织分析验证

在 4 个组元物相液相体内各选取一个合金试样，分析其冷却曲线和显微组织，进一步验证该四元系预测相图。

图 3 - 38 是位于 Pb 的液相体内的合金 AE_1 的缓冷显微组织图（其冷却曲线见图 3 - 36）。该合金成分位于 Pb - Cd - Sn - β 四面体内，因此凝固后其组织中没有 Bi 物相。白亮的 Pb 晶体外面包围着一层深黑色的二元共晶物（Pb + Sn），再往外是黑花纹的三元共晶物（Pb + Sn + Cd），剩下的白花纹是包共晶反应后的三元共晶物（L_p + Pb→Sn + Cd + β），反应

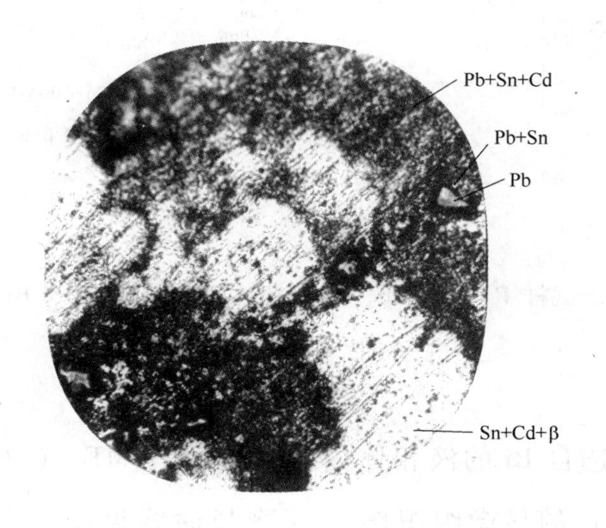

图 3 - 38　合金试样 AE_1 的显微组织图

（×400）

中液相 L_p 先消失，三元共晶（Sn + Cd + β）中含有残余的 Pb 晶。

在 Sn 的液相体内选取合金试样 R（20% Pb、15% Cd、55% Sn、10% Bi），其冷却曲线和显微组织图如图 3 – 39，图 3 – 40 所示。合金试样 R 的成分位于四面体 Cd – Sn – Bi – β 内，故凝固后的组织中不存在 Pb 物相。图 3 – 40 中的大黑块是 Sn 的初晶晶体，它外面的灰色块状物是二元共晶物（Sn + Cd）。参照冷却曲线（图 3 – 39），液体冷却到 133℃时开始产生三元共晶物（Sn + Cd + Pb），到 119℃时液相和 Pb 产生等温的包共晶反应：L_p + Pb→Sn + Cd + β。消耗掉 Pb 后，液相自 P 点沿 $\overset{\frown}{P-E}$ 线变化（参见图 3 – 37），并不断产生三元共晶（$L_{\overset{\frown}{P-E}}$→Sn + Cd + β）。这时产生的三元共晶物与在 P 点（119℃）等温转变产生的三元共晶物混在一起，就是图 3 – 40 中的细白花纹状物（Sn + Cd + β），剩下细密暗黑的组织是四元共晶物（L_E→Sn + Cd + β + Bi）。

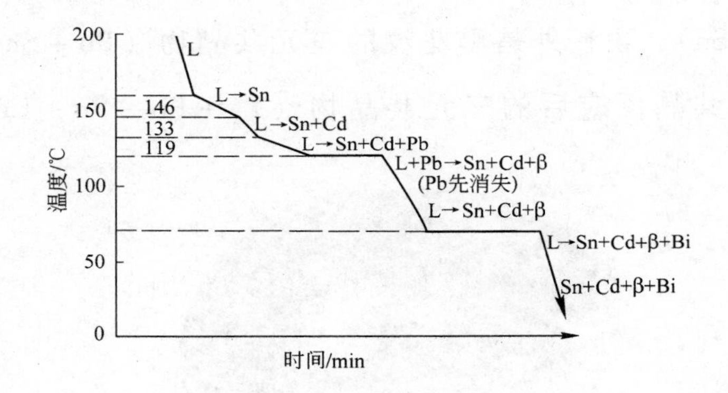

图 3 – 39　合金试样 R(20% Pb、15% Cd、55% Sn、10% Bi）的冷却曲线

（比例 1 : 1）

图 3 – 41 为选自 Bi 的液相体内的合金试样 ME_2（10% Pb，10% Cd，10% Sn，70% Bi）的显微组织图（其冷却曲线见图 3 – 34）。白色块状物是 Bi 的初晶体，其旁边的黑色混合物是 Bi 与 Cd 的二元共晶（较粗而长的黑色 Cd 易被误认为是初晶 Cd），较粗的灰色花纹是三元共晶物

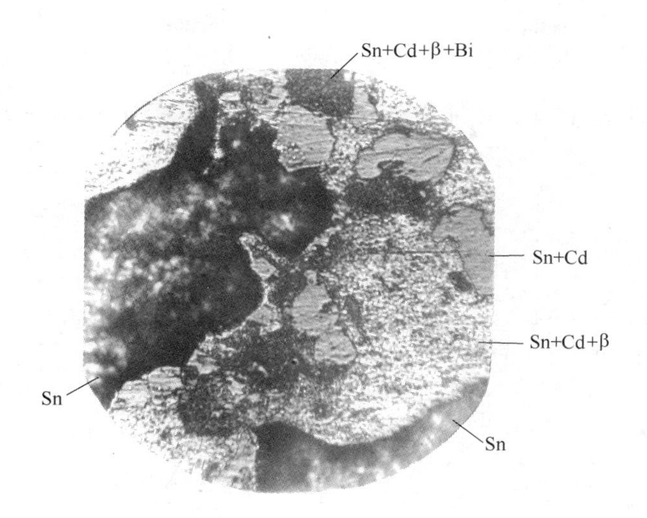

图 3－40 合金试样 R(20% Pb、15% Cd、55% Sn、10% Bi)的显微组织图
(×450)

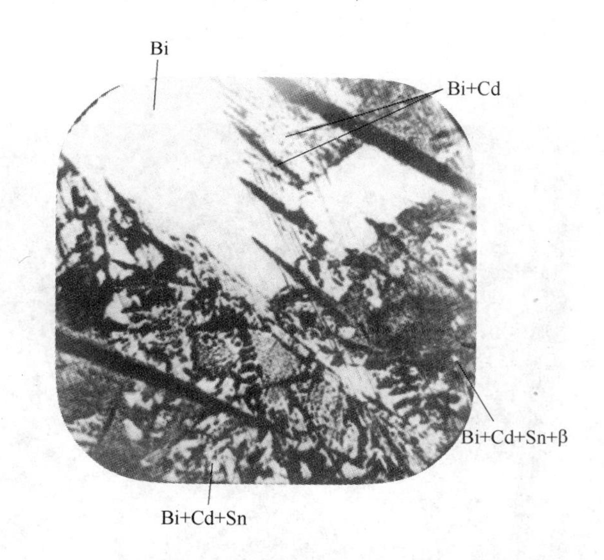

图 3－41 合金试样 ME_2 的显微组织图
(×100)

(Bi + Cd + Sn)，细密黑暗的组织是四元共晶物（Bi + Cd + Sn + β）。

图 3－42、图 3－43 为选自 Cd 的液相体中的合金试样 Q(10% Pb、25% Cd、15% Sn、50% Bi）的冷却曲线和显微组织图。该合金成分位于 Cd－Bi－Sn－β 四面体内。图 3－43 中黑粗的条块是 Cd 的初晶晶体，较

粗的黑条花纹是Cd与Bi的二元共晶物，灰色花纹是三元共晶物（Cd + Bi + Sn），细密黑暗的组织是四元共晶物（Cd + Bi + Sn + β）。

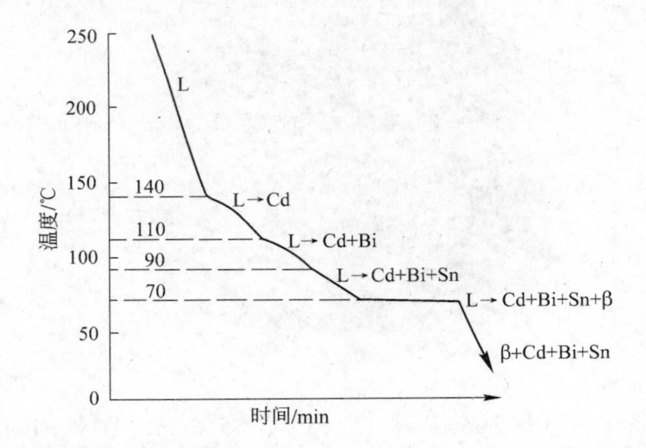

图3－42 合金试样Q(10% Pb、25% Cd、15% Sn、50% Bi）的冷却曲线

（比例1：1）

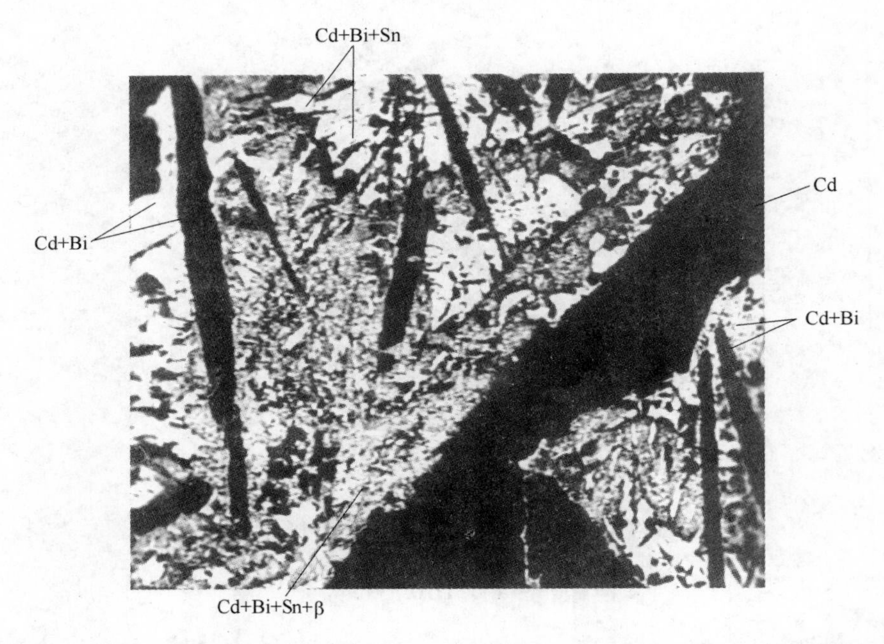

图3－43 合金试样Q(10% Pb、25% Cd、15% Sn、50% Bi）的显微组织图

从上面4个合金试样的冷却曲线和显微组织图分析来看（图3－38～图3－43），没有发现任何与预测图（图3－37）的几何法则相违背的地方。任一冷却曲线和显微组织图都能在预测图内根据几何法则得到完美

的解答。可见预测图 3－37 是正确的。

用预测法制定 Pb－Cd－Sn－Bi 四元系相图总共只用了 11 个试样（其中 2 个用于建立预测条件，4 个定不变点 P 和 E 的成分位置，一个定曲线的曲度，4 个用于验证）。

3.3 用预测法制定四元系 Pb－Sn－Sb－Bi 相图[4]

3.3.1 预测条件、预测法则和预测图

构成四元系 Pb－Sn－Sb－Bi 相图的 4 个三元系 Pb－Sn－Sb、Pb－Sn－Bi，Pb－Sb－Bi[10]，加上 2.3 节中制定的三元系 Sn－Sb－Bi 相图是已知的，预测条件之一已具备（见图 3－44）。由于 4 个三元系都不

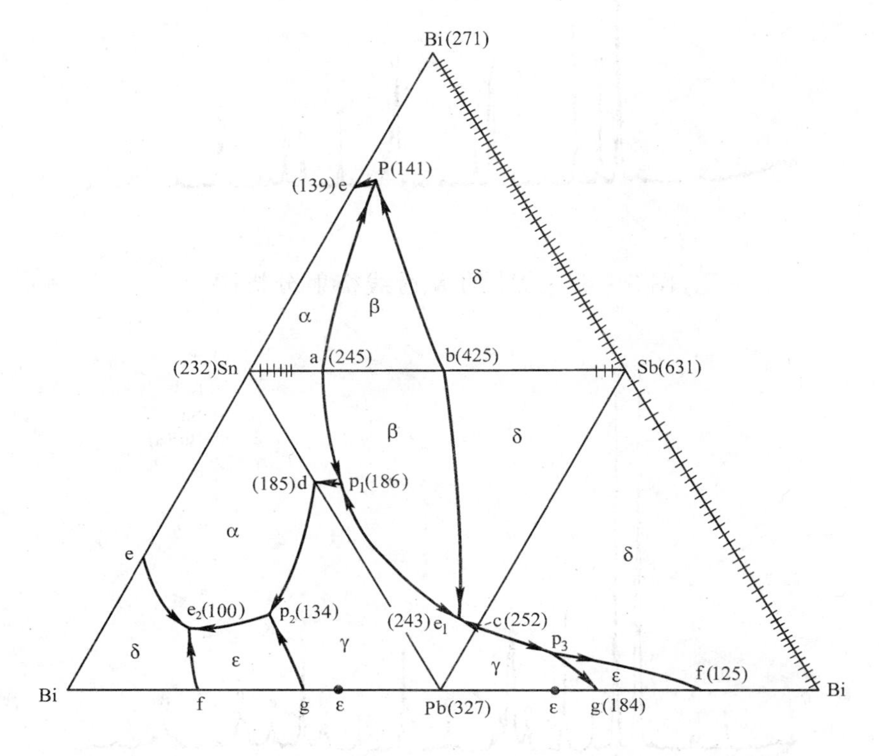

图 3－44 构成四元系 Pb－Sn－Sb－Bi 的 4 个三元系相图

（比例 1：1）

存在三元中间相，可以肯定，四元系里也不会有四元中间相。为实践证明之，不妨在该四元系里不同部位选取3个试样M_1^4（27.5% Pb、30% Sn、30% Sb、12.5% Bi），M_2^4（40% Pb、15% Sn、35% Sb、10% Bi），M_3^4（10% Pb、25% Sn、25% Sb、40% Bi）。其中M_1^4成分选在二元系β-ε连线上，故衍射图上只呈现β和ε两种物相。对上述3个试样做X射线衍射分析（见图3-45、图3-46、图3-47），都不存在四元中间相，预测条件之二具备。

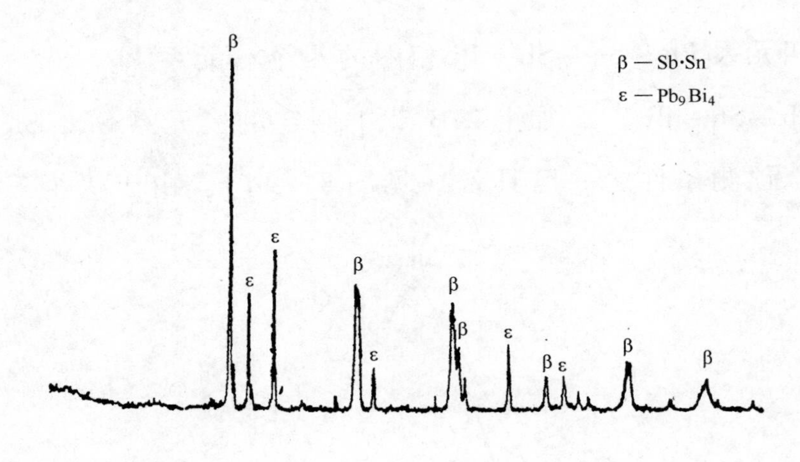

图3-45 M_1^4的X射线衍射分析图

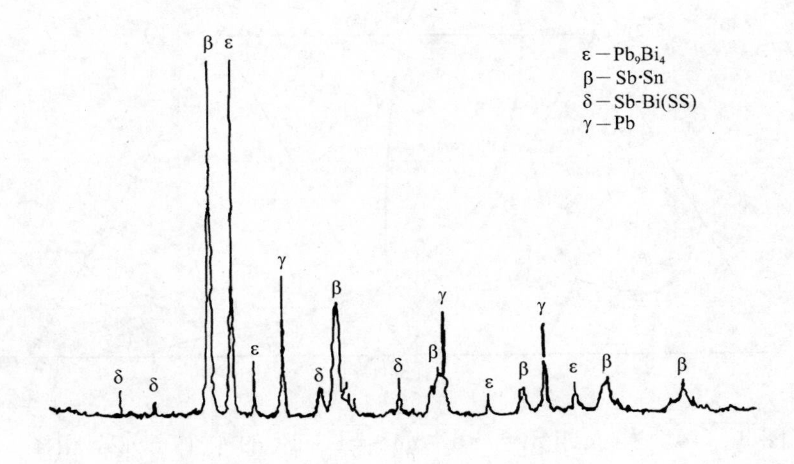

图3-46 M_2^4的X射线衍射分析图

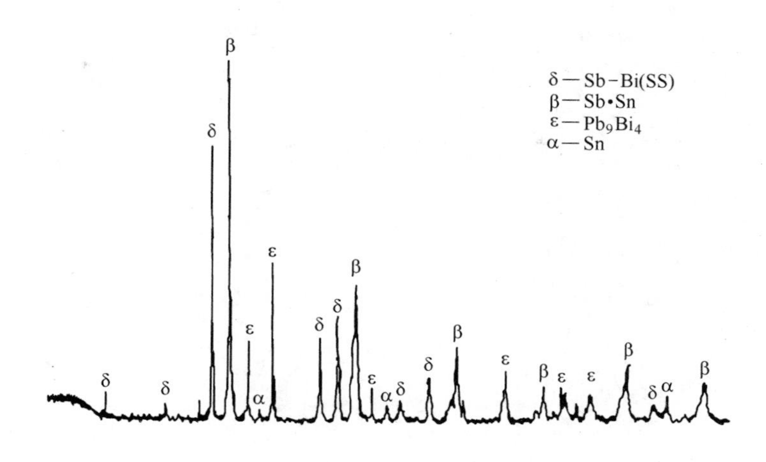

图 3－47 合金试样 M_3^4 的 X 射线衍射分析图

该四元系除 4 个组元外，有 2 个二元中间相 β(Sb · Sn)，ε(Pb_9Bi_4)。由于其中有 Sb－Bi 连续固溶体，故共计有 5 个物相 γ(Pb)、α(Sn)、δ(Sb－Bi)、β(Sb · Sn)、ε(Pb_9Bi_4)。按相图的几何法则，5 个相彼此都成相平衡关系，于是三项预测条件全具备。该四元系的预测条件和预测法则见表 3－2。

表 3－2 四元系 Pb－Sn－Sb－Bi 相图的预测条件和预测法则

预测条件	预测法则
（1）四个三元系 Pb－Sn－Sb，Pb－Sn－Bi，Pb－Sb－Bi，Sn－Sb－Bi 相图已知	（1）α、β、γ、δ、ε5 个物相的液相体彼此相邻
（2）不存在四元中间相	（2）各物相液相体的相应面数 α 和 γ：4＋5－1－(2－1)＝7； β 和 ε：4＋5－2－(2－1)＝6； δ：4＋5－1＝8
（3）全系 5 个物相彼此都存在相平衡关系	（3）根据法则（1）、（2），四元系内应有 3 个五相共存的不变点；3 个不变点连成的三角形曲面是 β 和 ε 的二元共晶面（见图 3－48）
	（4）按近似化法则定不变的近似位置——3 个不变点都靠近平均晶点最低的 Pb－Sn－Bi 三元系面

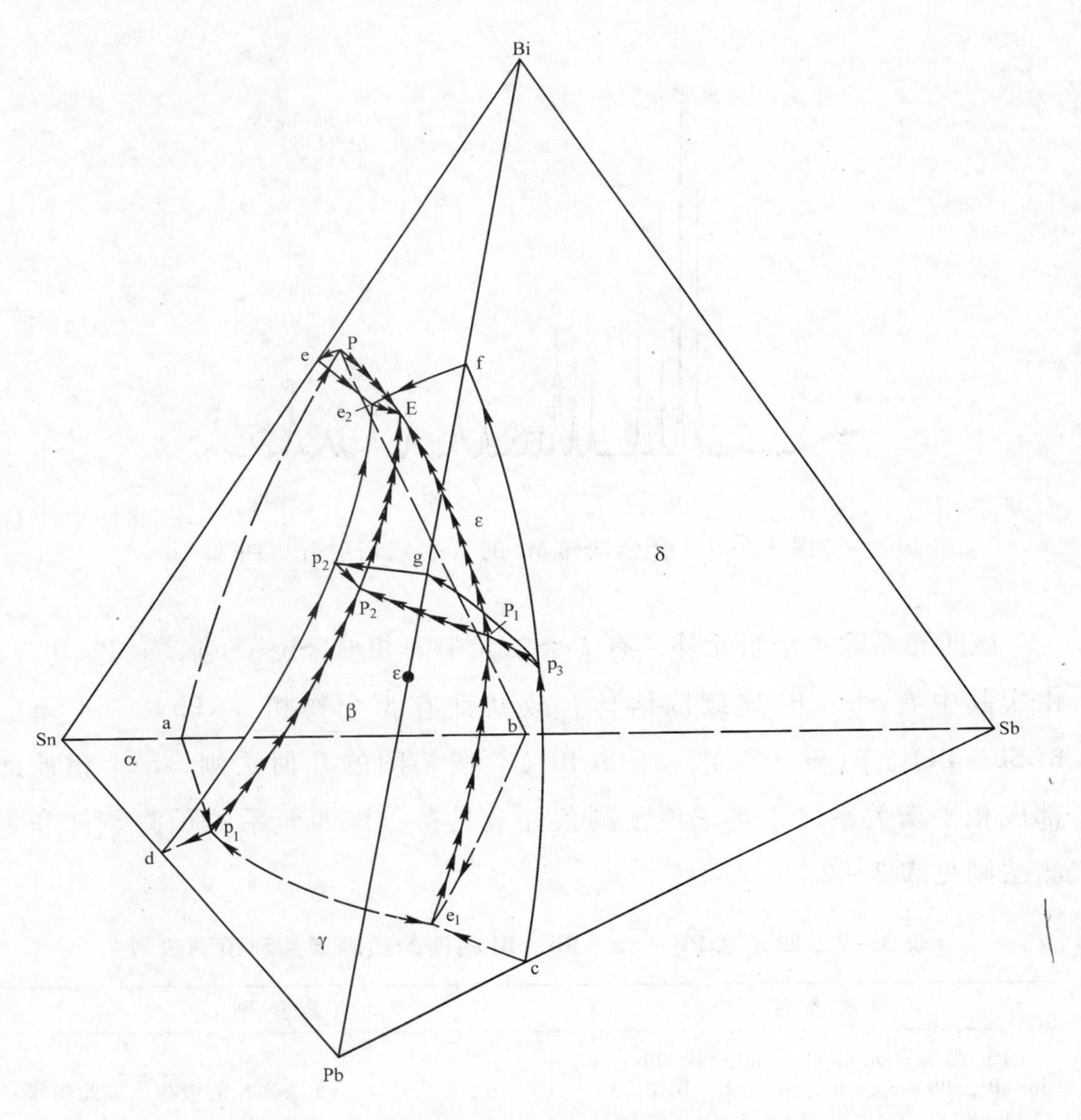

图 3－48 四元系 Pb－Sn－Sb－Bi 的预测图

（比例 1∶1）

3.3.2 将预测相图精确定位成真实相图

根据四元系在成分四面体内结晶变化的几何法则，首先选取合金试样 M_4^4（56% Pb、10% Sn、10% Sb、24% Bi）M_5^4（20% Pb、20% Sn、20% Sb、40% Bi）和 M_6^4（40.5% Pb、34% Sn、8.5% Sb、17% Bi），它

们分别在图 3－48 中的 P_1(165℃)、E(97℃) 和 P_2(155℃) 点上最终凝固。它们的冷却曲线、最低凝固温度取液样及原试样缓冷的低温显微组织分别如图 3－49、图 3－50、图 3－51 所示。图 3－52 为合金试样 M_5^4 在 97℃取液样凝固后的显微组织图（四元共晶物 $\alpha+\beta+\delta+\varepsilon$）。三条冷却曲线，分别在其最后凝固温度 165℃、97℃、155℃取液样做定量分析，它们的成分分别是 P_1(56% Pb、5.0% Sn、3.42% Sb、35.58% Bi)，E(28.75% Pb、20% Sn、0.9% Sb、50.35% Bi)，P_2(39.6% Pb、33.84% Sn、7.1% Sb、19.46% Bi)。于是，3 个不变点得以精确定位。

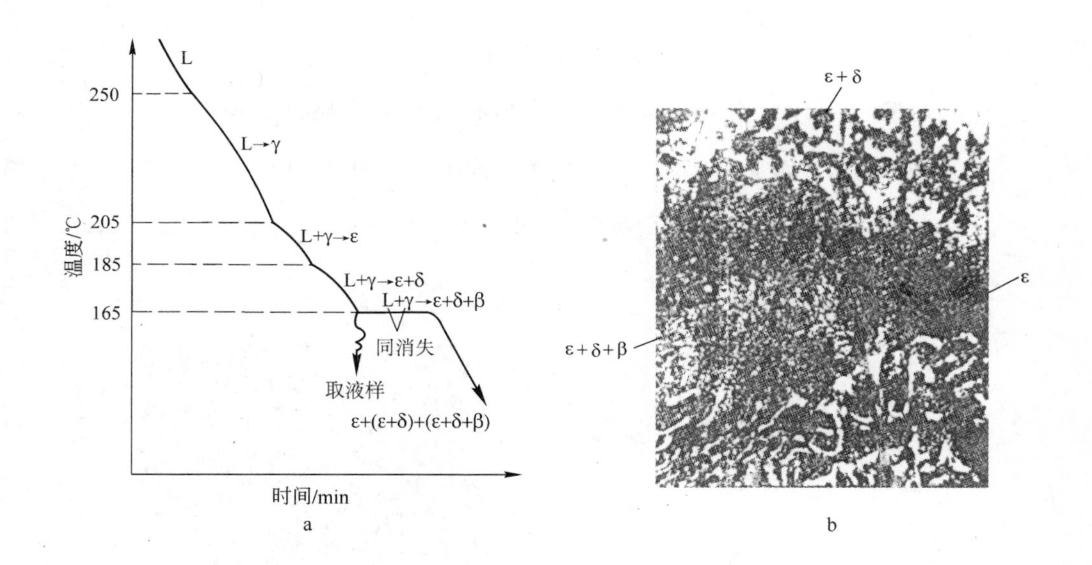

图 3－49 合金试样 M_4^4 的冷却曲线及缓冷显微组织图

a—M_4^4 的冷却曲线(在 165℃取液样)(比例 1:1)；

b—M_4^4 的缓冷显微组织图（×80）

不变点精确定位后，对较长曲线 $\widehat{e_1P_1}$、$\widehat{PE}$、$\widehat{p_1P_2}$ 及三角形曲面 P_1EP_2 上的两条边线 $\widehat{P_1E}$ 和 $\widehat{P_2E}$ 的曲度定位。这里分别选取合金试样 M_7^4(60% Pb、7% Sn、20% Sb、13% Bi)、M_8^4(12% Pb、38% Sn、10% Sb、40% Bi)、M_9^4(30% Pb、

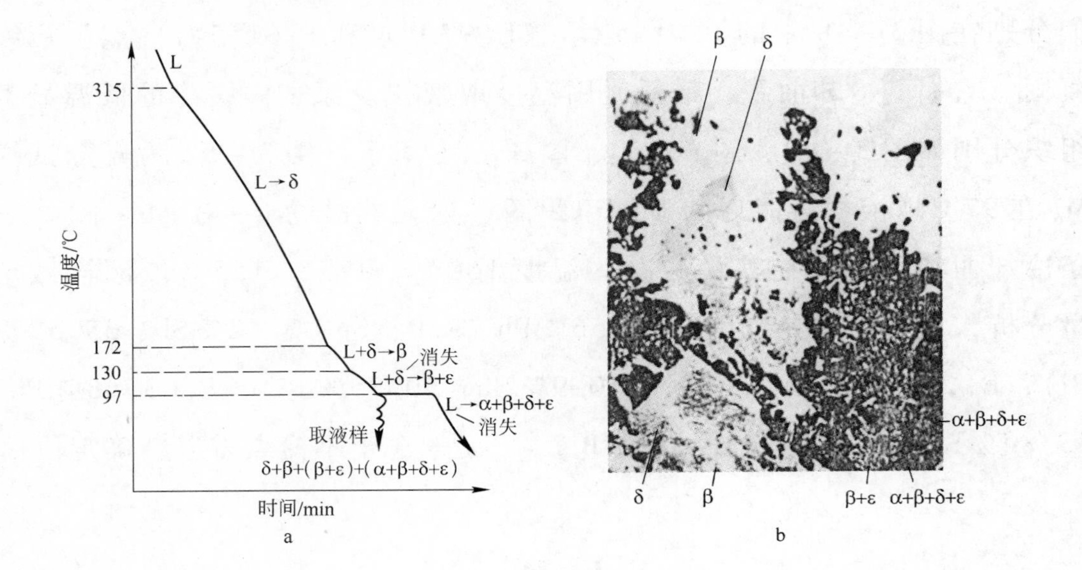

图 3－50 合金试样 M_5^4 的冷却曲线及缓冷显微组织图

a—M_5^4 的冷却曲线（在 97℃ 取液样）（比例 1∶1）；

b—M_5^4 的缓冷显微组织图（×80）

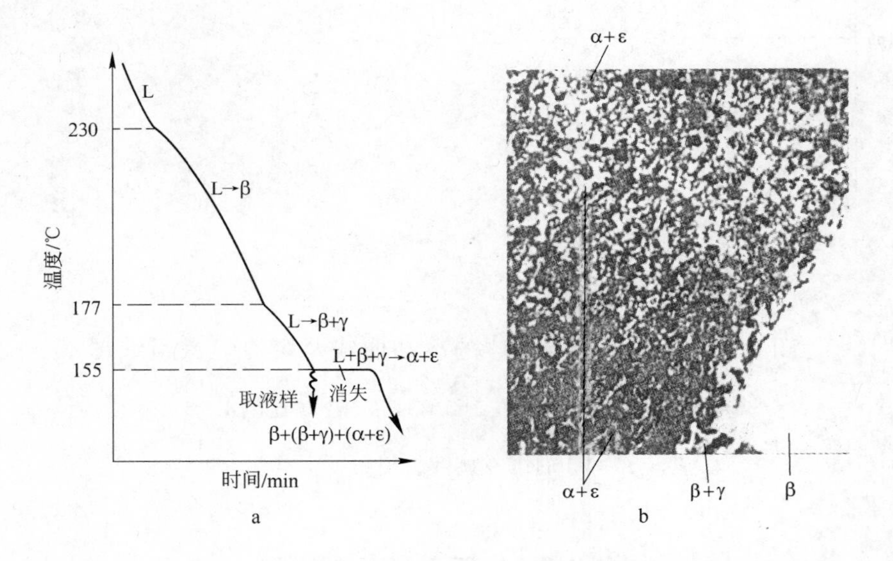

图 3－51 合金试样 M_6^4 的冷却曲线及缓冷显微组织图

a—M_6^4 的冷却曲线（在 155℃ 取液样）（比例 1∶1）；

b—M_6^4 的缓冷显微组织图（×80）

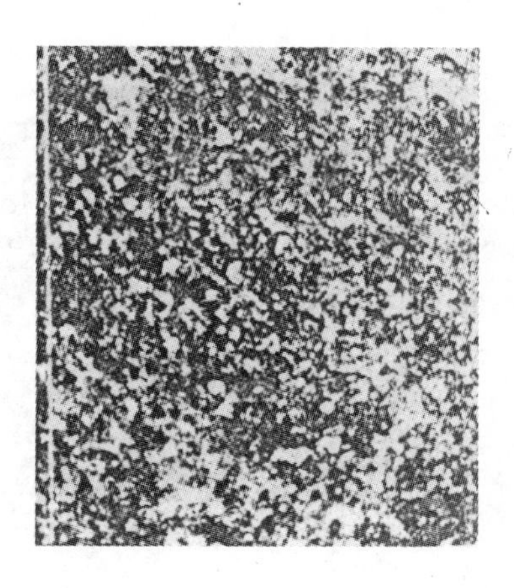

图 3 - 52 合金试样 M_5^4 在 97℃ 取液样凝固后的显微组织图

(×80)

(四元共晶 $\alpha+\beta+\delta+\varepsilon$)

50% Sn、10% Sb、10% Bi)、M_{10}^4(40% Pb、15% Sn、15% Sb、30% Bi)、M_{11}^4(35% Pb、25% Sn、10% Sb、30% Bi),这些试样的冷却曲线、取液样温度及原试样缓冷后的显微组织分别如图 3 - 53a、b,图 3 - 54a、b,图 3 - 55a、b,图 3 - 56a、b,图 3 - 57a、b 所示。

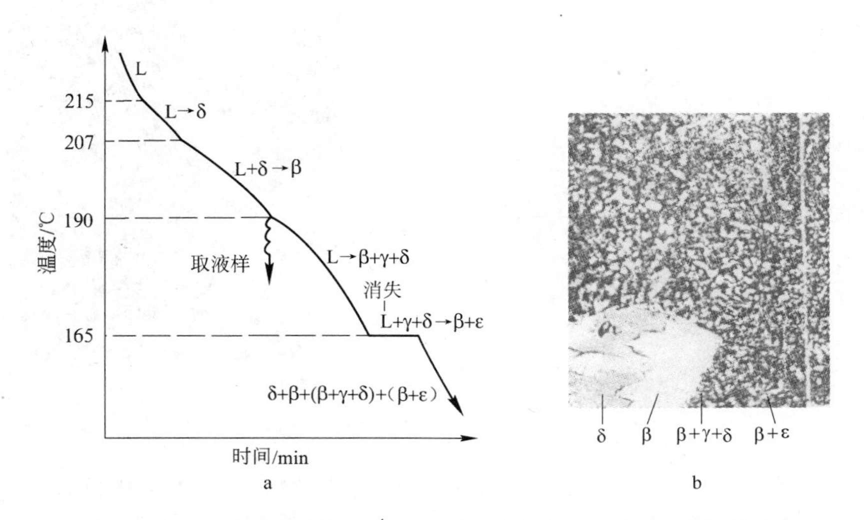

图 3 - 53 合金试样 M_7^4 的冷却曲线及缓冷显微组织图

a—M_7^4 的冷却曲线;b—M_7^4 缓冷显微组织图 (×60)

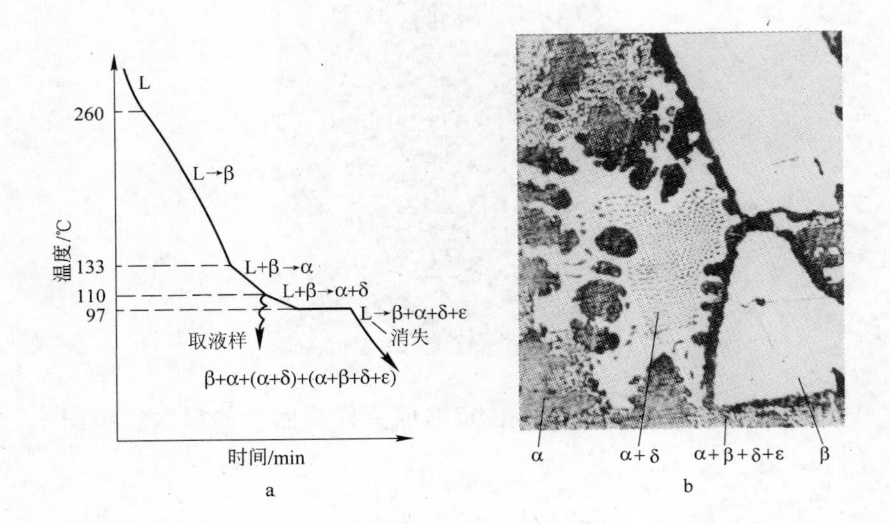

图 3-54 合金试样 M_8^4 的冷却曲线及缓冷显微组织图

a—M_8^4 的冷却曲线（比例 1∶1）；b—M_8^4 的缓冷显微组织图（×60）

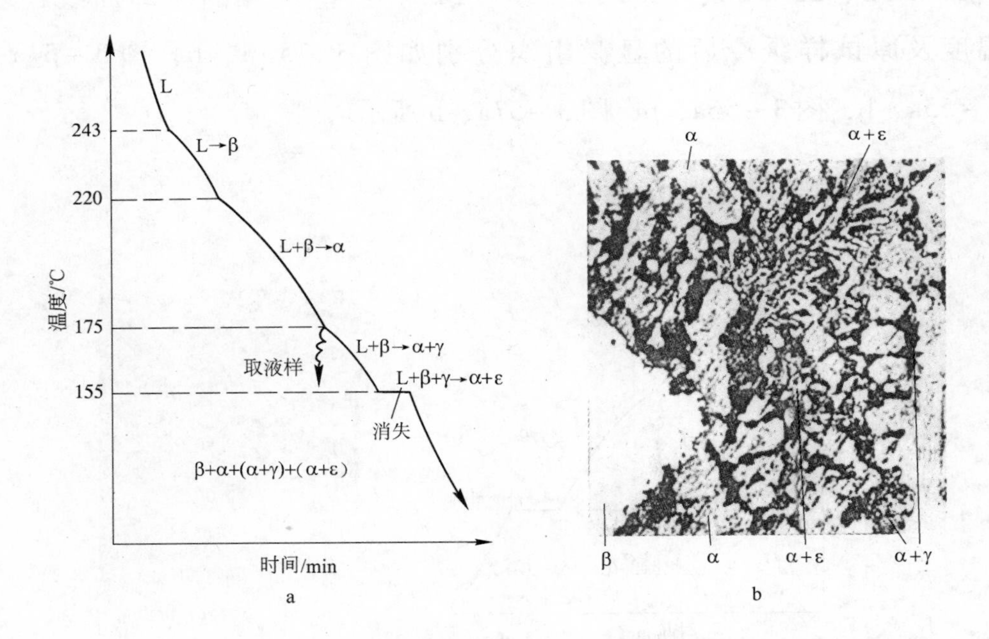

图 3-55 合金试样 M_9^4 的冷却曲线及缓冷显微组织图

a—M_9^4 的冷却曲线（比例 1∶1）；b—M_9^4 的缓冷显微组织图（×80）

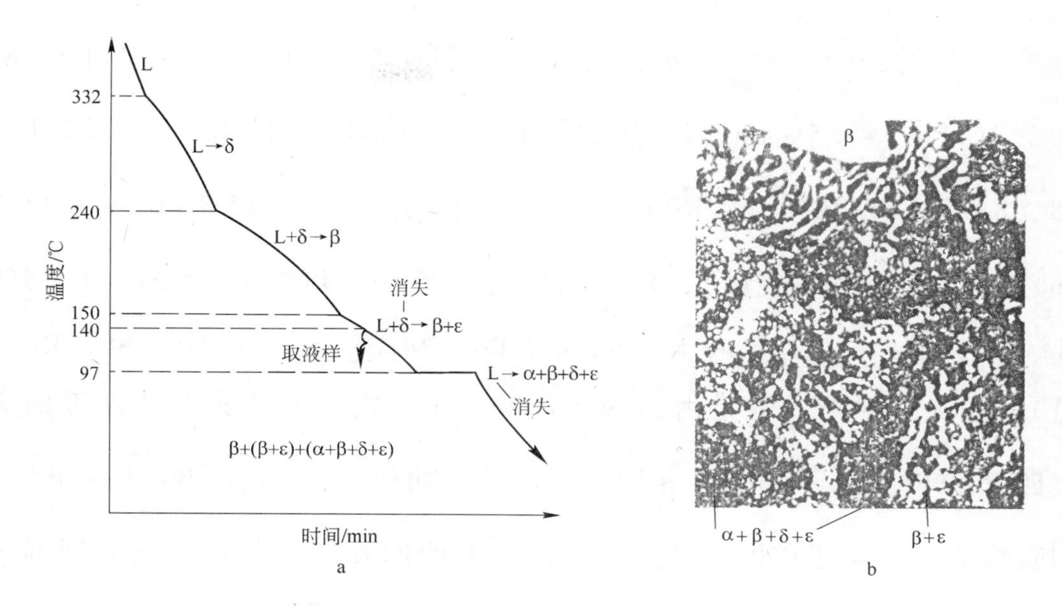

图 3－56 合金试样 M_{10}^4的冷却曲线及缓冷显微组织图

a—M_{10}^4的冷却曲线（比例 1：1）；b—M_{10}^4的缓冷显微组织图（×80）

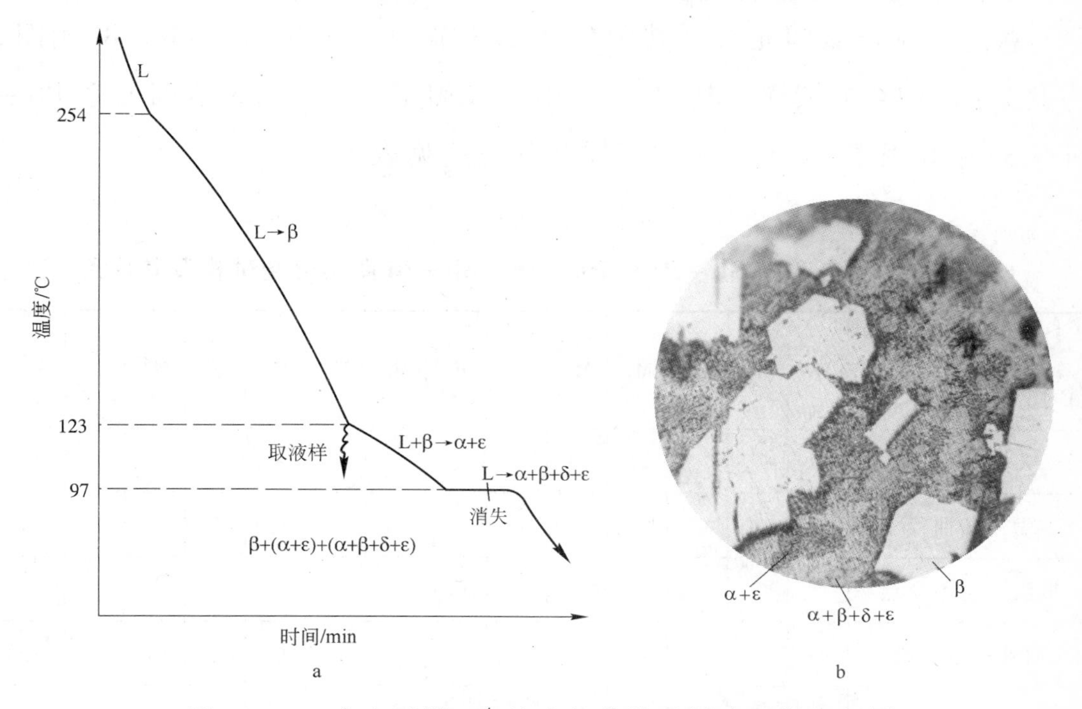

图 3－57 合金试样 M_{11}^4的冷却曲线及缓冷显微组织图

a—M_{11}^4的冷却曲线（比例 1：1）；b—M_{11}^4的缓冷显微组织图（×80）

将所取得的液样做定量分析，其成分分别在 5 条曲线上：$\overset{\frown}{e_1P_1}$上的 K_1（66.8% Pb、4.25% Sn、7.7% Sb、Bi 余量）；$\overset{\frown}{PE}$上的 K_2（14.5% Pb、28.68% Sn、6.76% Sb、Bi 余量）；$\overset{\frown}{p_1P_2}$上的 K_3（35.15% Pb、46.33% Sn、4.07% Sb、Bi 余量）；$\overset{\frown}{P_1E}$上的 K_4（45.6% Pb、5.2% Sn、1.68% Sb、Bi 余量）；$\overset{\frown}{P_2E}$上的 K_5（35.4% Pb、24.3% Sn、1.10% Sb、Bi 余量）。图 3 – 58 所示就是由精确定位的 3 个不变点和 5 条曲线曲度的真实四元系 Pb – Sn – Sb – Bi 相图。图内较短曲线$\overset{\frown}{p_3P_1}$、$\overset{\frown}{p_2P_2}$和$\overset{\frown}{e_2E}$（极短）用直线表示。至于$\overset{\frown}{P_1P_2}$，可按一个四边形曲面其两个对边曲向相同的形式规律，确定出它与三元系 Pb – Sn – Sb 面上的$\overset{\frown}{e_1p_1}$线的曲度同向就可以了。

总之，制定该四元系，其中包括 2.3 节的三元系 Sn – Sb – Bi 相图，一共只用了 14 个试样。其中 Sn – Sb – Bi 用了 3 个，3.3 节四元系 Pb – Sn – Sb – Bi 用了 11 个。所用试样及其应用见表 3 – 3。

表 3 – 3　制定 Sn – Sb – Bi 和 Pb – Sn – Sb – Bi 所用合金试样及其应用

合金试样 / 应用	M_1^3	M_2^3	M_3^3	M_1^4	M_2^4	M_3^4	M_4^4	M_5^4	M_6^4	M_7^4	M_8^4	M_9^4	M_{10}^4	M_{11}^4
X 射线定位	○			○	○	○								
做冷却曲线	○	○	○				○	○	○	○	○	○	○	○
取液样定不变点		○					○	○	○					
取液样定曲线	○		○							○	○	○	○	○
缓冷做金相分析	○	○ ○ P 点	○					○ ○ E 点	○	○	○	○	○	○

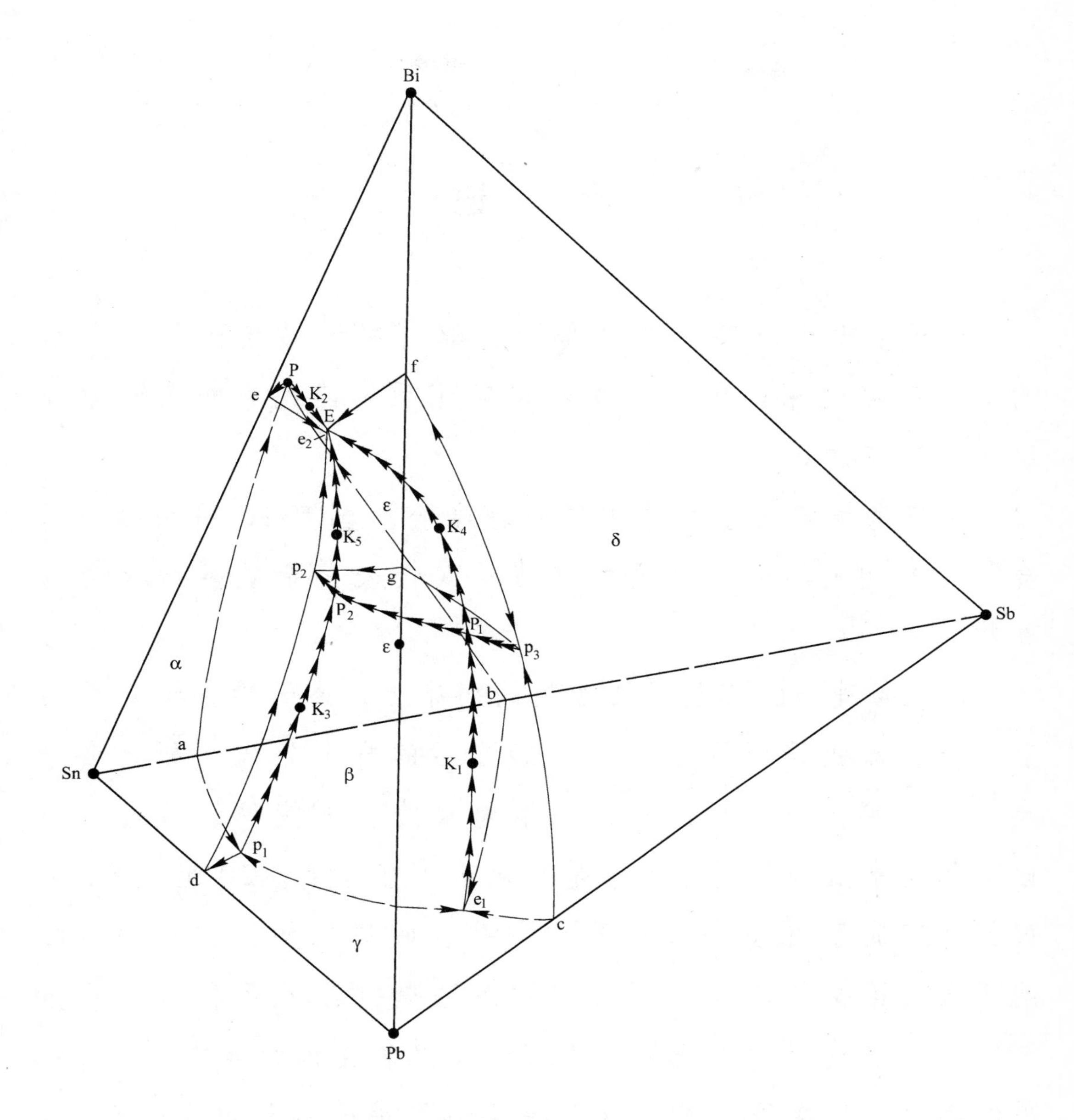

图 3－58 精确定位的 Pb－Sn－Sb－Bi 相图

后　记

经过多少个不眠之夜的努力，继《多元系相图》一书后的又一书稿《用几何预测法制定三元系和四元系相图》整理终于圆满完成。

今年是两年一届的“中国物理学会全国第16届相图研讨会”在常州大学举办，这本书将是我代表父亲敬献给大会的礼物。

每次整理书稿都要躺在医院的病床上，翻开他数十年前的劳作，仿佛我又回到了和他一起生活的那个年代，那些难以忘怀的往事，一桩桩、一件件串起来的历史使我经常泪流满面。他对事业的热爱与追求是我永远不能忘的。20世纪80年代初他完成了《多元系相图》一书的收尾工作，并总结、归纳了多篇论文构思了《用几何预测法制定三元系和四元系相图》一书。这时，正值他人生四十几岁最成熟的年华——出成果的年华。他在给“泰山行征稿活动”编辑的信中这样写道：“这只是开始，还有很多东西要写”。他曾多方推荐这两本书稿的出版，由于资金和其他诸因素一直没能实现，这使他很遗憾。特别是退休后他也一直惦念而不跟我们儿女说的事情（因为我们的生活也很拮据，孩子们正值读高中上大学），因为这需要很大一部分资金。

2004年9月父亲不幸患上了肝癌，在他生命延续最需要输血的时候，他却做出了出人意料的选择，卖掉房子也要出版《多元系相图》、《用几何预测法制定三元系和四元系相图》两本书稿。2006年6月20日他撒手人寰。这时做女儿的才恍然明白最对不起他老人家的就是没能在他老人家活着的时候出资帮他完成出版书的这一心愿。这是我对他最大的愧疚。

翻开他的书籍，保存着中国物理学会第四届到第八届的相图研讨会的论文集，里面都有他的论文，也多次获得省、市级“优秀论文奖”。一篇篇论文、一本本闪耀着金字的证书，或许这就是他留在身后值得珍存的脚印。我很骄傲父亲为他所热爱的事业倾其所有，他没有给儿女留下任何物质财富，却留下了更重要更珍贵的精神财富，这些都将永远激励着我们的子孙后代。

父亲在一篇《制定三元系和四元系相图的预测条件和预测法则》论文中这样写道：“相图的制定是一项艰巨的任务，尤其是三元系以上的多元系相图的制定更为艰巨。我们在充分研究多元系相图的几何法则和形式规律的基础上，总结归纳出一套制定三元系和四元系相图的预测方法——预测条件和预测法则。”这就是本书的核心。也就是我为父亲出版这本书稿的重要性和必要性。

《多元系相图》、《用几何预测法制定三元系和四元系相图》两本书稿在整理前期得到了中南大学材料科学与工程学院刘华山、郑峰两位博士的大力支持，特别是郑峰博士对书稿出版的肯定，在此表示衷心的感谢。

书中96张相图、8张X射线衍射图和24张显微组织照片都是我自己应用Photoshop软件完成的，疏漏和不妥之处在所难免，恳请读者和同行赐教和指正。

贾翔云

2012年8月24日于辽宁鞍山

参考文献

[1] 贾成珂．制定三元系和四元系相图的预测条件和预测法则［C］．1986年第四届全国相图学术会议论文．

[2] 贾成珂．制定三元系相图的预测方法［J］．硅酸盐，1980（2）．

[3] 贾成珂．用预测法制定三元系 Pb－Sn－Sb 相图［C］．1980年东北三省金属学会及金属物理年会论文．

[4] 贾成珂，等．用几何预测法制定三元系 Sn－Sb－Bi 和四元系 Pb－Sn－Sb－Bi 相图［C］．1988年第五届全国相图学术会议论文．

[5] 贾成珂．四元系 CaO－MgO－Al_2O_3－SiO_2 的预测图及预测方法［J］．耐火材料，1981（1）．

[6] Emest M，Levin，Carl R R，et al. Phase Qiagrams for Ceramists［J］. 1969.

[7] Emest M，Levin，Howord F M. Phase Qiagrams for Ceramists［J］. 1975，Supplement.

[8] Wilhem Eitel. The Physical Chemistry of the Siticates［M］. 1954.

[9] 贾成珂，等．用预测法制定四元系 Pb－Cd－Sn－Bi 相图［C］．1985年辽宁省金属学会年会论文．

[10] 俄文版《相图集》：图 201～图 304.

冶金工业出版社部分图书推荐

书　　名	定价(元)
轧钢工人应知应会丛书	
轧钢生产基础知识问答（第3版）	29.80
型钢生产知识问答	29.00
线材生产知识问答	7.70
轧钢设备维护与检修（冶金行业职业教育培训规划教材）	28.00
轧钢工理论培训教程（冶金行业职业教育培训规划教材）	49.00
轧钢机械设计（本科教材）	56.00
轧钢机械设备（本科教材）	28.00
中国中厚板轧制技术与装备	180.00
轧钢机械设备维护（高职高专教材）	45.00
楔横轧零件成型技术与模拟仿真	48.00
轧制工程学（北京市精品教材）	32.00
加热炉（第3版）（本科教材）	32.00
塑性加工金属学（本科教材）	25.00
金属塑性成形力学（本科教材）	26.00
金属压力加工概论（第2版）（本科教材）	29.00
材料成形实验技术（本科教材）	16.00
冶金热工基础（本科教材）	30.00
轧制测试技术（本科教材）	28.00
金属压力加工工艺学	46.00
轧钢机械（第3版）（本科教材）	49.00
轧钢车间机械设备（职业技术学院教材）	32.00
轧钢基础知识（职业技能培训教材）	39.00
加热炉基础知识与操作（职业技能培训教材）	29.00
中型型钢生产（职业技能培训教材）	28.00
中厚板生产（职业技能培训教材）	29.00
高速线材生产（职业技能培训教材）	39.00
热连轧带钢生产（职业技能培训教材）	35.00
板带冷轧生产（职业技能培训教材）	42.00
轧钢设备维护与检修（职业技能培训教材）	28.00
轧钢生产实用技术	26.00